1　伊豆大島の割れ目噴火開始直後の写真．1986 年 11 月 21 日 17 時 47 分，著者撮影．

2　福島県の磐梯山．山体崩壊の跡である馬蹄形の火口が口を開いており，手前には岩なだれによってできた流れ山地形が見られる．磐梯山噴火記念館提供．

3　火山雷が発生した桜島南岳の噴火．1988年2月17日03時09分．京都大学防災研究所附属火山活動研究センター提供．

4　アイスランドの間欠泉（ゲイシル）から噴き出る熱水．ゲイシル（gaysir）は英語の間欠泉を表すガイザー（geyser）の語源である．佐野広記氏撮影．

火山噴火

——予知と減災を考える

鎌田浩毅
Hiroki Kamata

岩波新書
1094

はじめに

自然の力は大きい。このことを目の前で見せつけてくれるのが、火山の噴火である。

私は日々、火山のフィールドワークをしながら、噴火のもつエネルギーの凄《すさ》まじさにいつも驚かされてきた。世界の火山をめぐって研究をつづけながら、「火山は偉大である。そして美しい」と常々感じていたのである。火山と出逢《あ》うことから始まるこの感動を、まず皆さんへお伝えしたいと思う。

山や谷を一瞬にして噴出物で埋め尽くしてしまう噴火の巨大なエネルギーには、人間の力は到底かなわない。私のように火山に日常的に触れていると、自然を畏《おそ》れ敬う畏敬《いけい》の念がひとりでに生じてくる。

偉大な自然を前にしては、人は謙虚にならざるをえないのである。この不思議な感覚は、二十代で火山研究に没頭しはじめて以来、私の脳裏から離れたことがない。これがお伝えしたい二番目の内容である。

日本は世界有数の火山国であり、噴火は多くの人の尊い命を奪ってきた。火山災害は周囲に住む人々の生活に甚大《じんだい》な影響を与える。しかし、火山の噴火を止めることはもちろんできない。為《な》す術《すべ》のない現象であるにもかかわらず、それでも人を救いたいと願ったとき、「減災《げんさい》」という言葉が生まれる。火山学者は、完全には防ぐことができない被害を最小限にとどめるという考えに基づいて、「減災」という言葉を使いはじめたのだ。今では国際的にも頻繁に用いられている(英語では disaster mitigation と書く)。

猛威をふるう自然に対して、人の知力をフルに使って果敢に対処するのが、噴火予知に基づいた減災である。成功と失敗をくり返しながらも、減災を着実に根付かせた結果、噴火予知は実用段階にあると言われるまでになった。本書の三番目のテーマとして、この減災を可能にした火山学の最先端の成果を紹介したい。

火山には災害だけでなく、大自然の恵みという側面がある。温泉や風光明媚《めいび》な風景をはじめとして、日本人は長いあいだ火山の恩恵を享受してきた民族でもある。最後に、災害とは対照的な火山の恵みについても楽しく語ってみよう。

本書には教養新書としての役割を考え、火山学の基礎から応用までの概要がつかめるように、火山の基礎知識、噴火予知、減災、そして恩恵へと火山のもつ多様なコンテンツを披露した。

ここで、本書を書くに至った経緯についても述べておきたい。私は一〇年前に国立研究所から京都大学へ移籍してきたのだが、移籍後三年目に北海道の有珠山《うすざん》と伊豆諸島の三宅島《みやけじま》の噴火を経験した。この時、火山学が社会から必要とされているにもかかわらず、専門家の側からの用意が不足していることを痛感した。それから私は科学の入門書としての新書を次々と書き始めた。

災害を軽減するためには、啓発活動がたいへん重要である。近年、理系の分野では「アウトリーチ」ということが大きな課題と考えられている。アウトリーチ(outreach)とは、一般の人に専門家が手を差しのべて(reach out)必要な情報を伝えることをいう。たとえば、市民に火山学の専門家が減災にかかわる情報を知らせること、である。実は、噴火のメカニズムを市民に知ってもらうことは、火山災害を減らすために最も大切な手段の一つなのである。

その後、京都大学での一般教養の講義をはじめとし、他大学の集中講義、小・中学校や高校での出前授業を通じて、私の前にアウトリーチの新しい世界が次々と現れた。さらに講演会やテレビ・ラジオで火山の世界を紹介しながら、アウトリーチは私の使命ではないかと思い至るようになった。

研究を進めるだけでなく、科学を市民に伝える仕事の重要性とおもしろさに目覚めたのだ。国立研究所で研究室に閉じこもっていた頃とは内面も外見もまったく違う「科学の伝道師」がここに誕生したのである。

本書は、私がアウトリーチに全精力を注いで五年目に当たる節目の本で、現在の到達点を示す「作品」でもある。専門外の読者にも分かりやすく、最後まで楽しく読み通すことのできるおもしろい本を目指すとともに、自然とのあるべき付き合い方に関する自然観を提起してみた。火山という大自然を前にした小さな私の社会貢献と考えている。

本書を通じて、火山の偉大さ、災害の恐ろしさ、恵みのすばらしさ、科学も結構捨てたものではないこと、などを感じとっていただければ幸いである。

では、最初に、火山噴火の驚くべき姿からご紹介しよう。

目　次

第2章　噴火のタイプとその特徴……55

第3章　噴火は予知できるか……99

目次

第1章

火山噴火とはどんな現象か

大分県九重火山の1995年の噴火．中腹にある硫黄山から333年ぶりに噴火が始まり，勢いよく火山灰と水蒸気が噴き出した．噴煙は高さ1000mに達し，火山灰は70km離れた熊本市まで飛んだ．私にとって15年にわたる地質調査の最終年に，火山が活きていることを感じた出来事だった．

日本は世界でも有数の火山国であるが、実際に噴火を目撃したことのある人は意外と少ないのではないか。火山の麓《ふもと》に暮らしている人でさえ、数十年か、時には数百年に一度しか起きない噴火という現象を、経験せずに一生を過ごす場合がある（本章扉写真）。

火山の噴火は地下深くの物質をいろいろな形で地上にもたらす。たとえば、溶岩や火山灰は噴火によってもたらされたもので、火山とあまり縁のない人でも言葉は知っているだろう。火山特有の現象を説明するにあたって、最初にこのような噴出物から話を進めてみよう。

1　溶岩流——地表に出たマグマ

溶岩とは真っ赤に溶けた岩石が地上に出たものである。岩石が高温でドロドロに溶融《ようゆう》して液体状になったものを、マグマ（magma）という。地下にあるときにはマグマと呼ばれたものが、地表に出ると溶岩になる。マグマと溶岩は同じものなのだが、いる場所によって呼び名がちがっている。

地上に出てきた溶岩は、低いところに向けて流れる。山の頂上などの高いところから溶岩が噴出すると、地形にしたがってくねくねと曲がりながら斜面を流れ下る。このように流れる状態を指して、溶岩流と呼ぶことがある。

流れている最中の溶岩のようすは、実にさまざまである。水のようにサラサラと流れることもあり、ハチミツのようにドロドロと流れる場合もある。さらに、砂利《じゃり》山を崩すように、ガラガラと音を立てて流れるものさえある。溶岩の性質によって流れかたが異なるのだ。

たとえば、ハワイ島にあるキラウエア火山では、溶岩がサラサラと流れるタイプの噴火をすることが多い。オレンジ色の光を放つ溶岩流が、川のように流れているダイナミックな光景を、テレビで見た人もいるだろう。

この島では、ゆっくりと流れる溶岩を間近に見ることもできる。ハワイ島には観光客向けの「とろとろツアー」というのがある。とろとろ流れる溶岩流を間近で観察しよう、という企画だ。キラウエア火山が噴火している最中に参加すれば、誰でも比較的簡単に生の溶岩流を見に行くことができる。

ツアーを組んで見に行けるほどの溶岩は、人が歩く速さよりもゆっくりと流れている。その表面は黒く光っているのだが、時おり溶岩流の先端が破れて真っ赤に焼けた溶岩が出てくる。マヨネーズを絞り出すようにニューッと出てくるのだ。

しばらく鈍くオレンジ色の光を放っているが、時間とともにしだいに輝きを失う。溶岩の中身は高温で赤っぽい色をしているのだが、冷えると黒くなるのである。このような活きた溶岩の姿を見れば、誰しも感動するであろう。

流れている溶岩の表面では、さまざまな現象が観察できる。その一つはポッピング(popping)と呼ばれているものだ。溶岩流の表面は空気で冷やされるとすぐに固まる。このときに、いちばん外側の表面だけが急冷されるのでガラス質になる。

ちょうど日常で使うガラスのように、ピカピカのガラス状の物質で、溶岩の表面が覆《おお》われるのである。このガラスが冷えるにつれて、ピンピンと跳《は》ねるのだ。そのときかすかに音を発するのだが、耳を澄ますとガラスが弾《はじ》ける軽やかな音を聞くことができる。

実は、溶岩の発する放射熱はあまりにも熱いので、ゆっくりとポッピングの音を聞いているのはむずかしい。照り返しがきついため、二メートル以内に近づくのは大変だ。しかし、このくらい離れても、ポッピングの音を十分に聞くことができる。一度耳にすると忘れられない美しい音色である。

パホイホイ溶岩とアア溶岩

流れたあとの溶岩は、これまた千差万別の形態をとる。火山が噴出したものが多様であることを知るには、溶岩は格好の堆積物である。冷え固まった溶岩の上を歩いて、さまざまな形のちがいを目で確かめることができるからだ。

溶岩には、表面がつるつるして光っているものもあれば、ゴツゴツの荒々しいものもある。溶岩の流れてきた地形は、私たちがよく目にする地球の風景からは隔絶している。どこまでも続く溶岩の平原をつくるものもあれば、山あり谷ありの地形を残すものもある。新しく流れた溶岩の上には、荒涼とした岩石だけの風景が広がっている。

これらの形態には、すべて意味がある。溶岩の温度や化学成分や流れてきた速さなどが絡《から》みあって、さまざまな造形美をつくっているのだ。ハワイで典型的に見られる溶岩の形態から、その成り立ちを見てゆくことにしよう。

図 1-1　ハワイ島・キラウエア火山のパホイホイ溶岩.

ハワイの溶岩には二つの形態がある。表面がつるつるして光っているものと、ゴツゴツの荒々しいものだ。これらに対して、それぞれ「パホイホイ溶岩」と「アア溶岩」という変わった名まえが付けられている。いずれもハワイの現地語(ポリネシア語)で命名されたものだ。二つの形態はあまりにもちがうので、初めて訪れた

図1-2 伊豆大島火山の1986年噴火によるアア溶岩.

人にもすぐに区別がつくだろう。

「パホイホイ(pahoehoe)」とは、洋服の生地《きじ》に用いられるサテンのような、という意味である(図1-1)。なるほど柔らかく光沢のある素材の感じがピッタリである。

パホイホイ溶岩の表面は平滑で丸みをもち、しばしば縄をよじったような模様がついている。このような縄目のあるところは、縄状《なわじょう》溶岩と呼ばれている。パホイホイ溶岩は、縄を巻いたような美しいくり返し模様が一面を覆っているのだ。

一方、アア溶岩は、これとは対照的に、ゴツゴツとした表面にトゲの突き出た溶岩である(図1-2)。「アア(aa)」とは、ハワイにいたポリネシア人が溶岩の上を歩いて思わず発した言葉に起源をもつとされる。「あいたッ」という痛みの表現が、この語感には込められているのだ。溶岩の上を裸足で歩いてみるまでもなく、アア溶岩の表面はいかにも歩きにくい形態をしている。

事実、ハワイの山麓へ溶岩の調査に出かけて、パホイホイ溶岩とアア溶岩の上を歩いてみると、歩きやすさがまったく異なるのに気づく。けた違いにアア溶岩は歩きにくく、靴を履《は》いていても足のはらが痛くなる。まったく異なる様態をもつ溶岩にたいして、パホイホイとアアと名づけた先人たちの感性に、深く納得する瞬間である。

さて、アア溶岩とパホイホイ溶岩は、どのようにしてできるのであろうか。これは長いあいだ火山学者を悩ませた問題でもあった。見かけの鮮《あざ》やかな差異のようには、そう簡単には説明できなかったのである。

つるっとしたパホイホイ溶岩が流れやすそうであるのに対して、ゴツゴツしたアア溶岩はいかにも流れにくそうだ。実際に、上流でパホイホイ溶岩であったものが、斜面を流れ下るとアア溶岩になることがある。その反対に、アア溶岩として流れていたものがパホイホイ溶岩に変化することは、めったにない。

一般に、溶岩が流れて冷えてきた場所には、アア溶岩が多くなる傾向がある。溶岩の粘《ねば》りけが増してくると、アア溶岩に移行するという説である。この粘りけとは、物理の用語で粘性《ねんせい》というのだが、火山現象を説明する際にこれからもしばしば登場するので、ちょっと覚えておいてほしい。

さて、パホイホイ溶岩が流れてきた途中に、滝などがあったりすると、そこでアア溶岩に変わることがある。どうしてこのような変化が起こるかについて、急斜面では溶岩を下方に引っぱる力が働き、アア溶岩になる、という仮説《かせつ》がある。

溶岩に一定の力が働いているうちは、縄目状の連続したパホイホイ溶岩として振る舞いつづける。ところが、ここに新たに力が加わると、ゴツゴツした不連続の表面をもつアア溶岩になるのである。こう考える研究者は多いのだが、全員が賛成しているわけでもない。

パホイホイ溶岩とアア溶岩のように、見た目にはっきりと区別がつくものでも、その成因には複雑な要素がからんでいる。そう単純に説明できないところも、火山学のおもしろい点の一つである。科学は自然界に存在するものを記述する博物学から始まったが、火山学も目に見えるちがいをまず説明してみようと発展してきた。しばらくこのような物の形にまつわる世界を紹介してゆこう。

溶岩の表面地形と溶岩チューブ

ハワイでも富士山でも、溶岩の上を歩くといろいろと興味深い形にめぐり逢《あ》う。これも自然のつくる多様性なのである。足元に気をつけながら歩きまわるのは、専門家でなくともたいへんに楽しいひとときである。火山の造形美には時間がたつのを忘れてしまうほどだ。これらをいくつか紹介しよう。

シーツを押すと皺《しわ》ができるように、溶岩は小さな丘をつくることがある。これはテュムラス(tumulus)と呼ばれるもので、下を流れている溶岩に圧力が加わって、表面が静かに持ち上げられたものだ(図1-3)。人の背丈《せたけ》の高さくらいは盛り上がっていることが多い。もっと上昇した場合には高さ三メートルを超え、横幅が一〇メートルに達するような水平に伸びた丘をつくることもある。

図1-3　ハワイ島・キラウエア火山のテュムラス．(鹿野和彦氏撮影)

これは流氷の表面にできる盛り上がりの地形とも似ている。また、長野県の諏訪《すわ》湖で厳冬期に御神《おみ》渡りができるのも、似たような原理とされている。

テュムラスの頂上には、しばしば割れ目ができていることが多い。深さ二メートル以上の細長い谷ができているのだ。ここに顔を入れて中を覗《のぞ》くと、テュムラスをつくっている溶岩の断面を見ることができる。

おもしろいことに、この断面には色のちがった層があるのに気づく。空気に触れた表面は赤く酸化しているが、中はまっ黒の堅い溶岩からできているのがわかる。富士山の北にある青木《あおき》ヶ《が》原《はら》溶岩でも、見事なテュムラスが観察でき

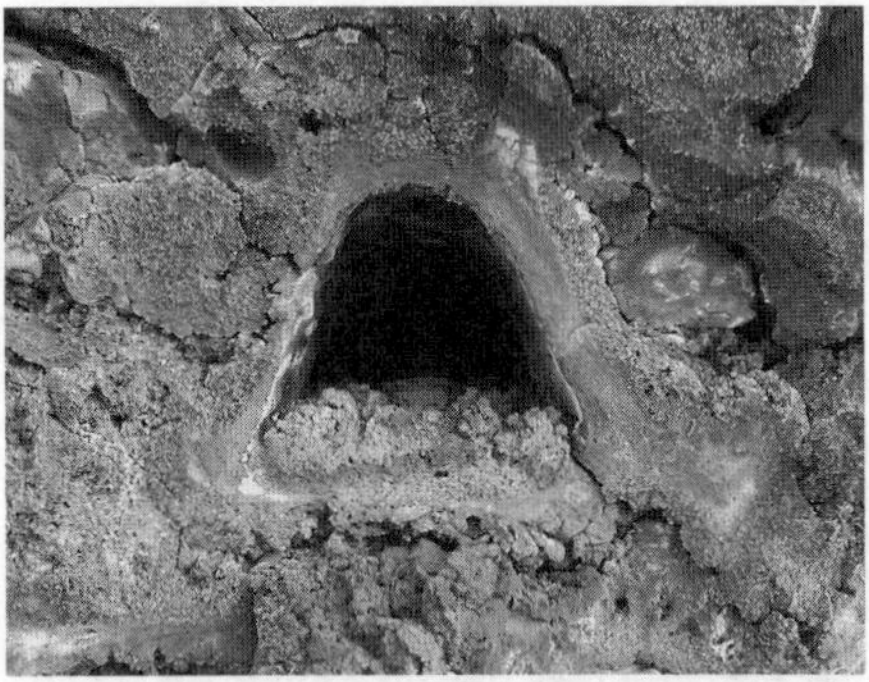

図 1-4　ハワイ島・キラウエア火山の溶岩チューブの断面.

る。

さて、溶岩流の断面には、しばしば大きな穴が開いている。道路のわきで地面をえぐり取った面でよく見られるのだが、断面に奇妙な形の穴が開いている（図1-4）。直径が一メートルを超す大きなものもあり、横につぶれた楕円形《だえんけい》やカマボコの断面形をしている。これは「溶岩チューブ」または「溶岩トンネル」と呼ばれているものだ。

この空隙《くうげき》は、溶岩がまだ熱かったときに、この中をマグマが流れていった跡である。現在では中空になっている部分を、当時は液体のマグマがゴウゴウと流れていたのだ。

溶けたマグマはぜんぶ下流へ去ってしまい、通路だけが穴を開けたまま残った。このような溶岩チューブは、水平距離にして何キロメートルも続くことがある。

キラウエア火山では、サーストンという名の付けられた溶岩チューブの中にもぐって見学することができる。これは地方新聞を経営していたローリン・サーストン氏が、一九一三年に偶然発見したものだ。

今をさかのぼる五〇〇年ほど前の話だが、キラウエア・イキ火口を満たした溶岩の一部が、溶岩チューブを通って流れてきた。その後、外側だけが冷え固まってできた円筒形の空洞が、このサーストン溶岩チューブなのである。懐中電灯を持参して真っ暗な穴へ入っていくと、チューブの中のようすをくわしく観察することができる。しばらく歩いたのち、別の場所から出てこられるようになっているのだ。

さて、溶岩チューブが地上に現れたものは、風穴《ふうけつ》と呼ばれることがある。夏に穴の中から涼《すず》しい風が吹き出してくることからこの名前が付いたのである。場所によっては、中に万年氷が残っているため、氷穴《ひょうけつ》と呼ばれることもある。

富士山の北麓へ流れた青木ヶ原溶岩の表面には、風穴と氷穴が点在している。青木ヶ原樹海にある富岳《ふがく》風穴と鳴沢《なるさわ》氷穴は、地下を何キロメートルも這《は》う溶岩チューブが地上に顔を出したもので、観光用に公開されている。

ブロック溶岩

パホイホイ溶岩とアア溶岩は、いずれも玄武岩《げんぶがん》と呼ばれる名前の岩石からなる。火山の噴出する岩石には、玄武岩、安山岩《あんざんがん》、流紋岩《りゅうもんがん》などの名前がある。中学校の理科で習ったことを覚え

図1-5　浅間山の鬼押し出し溶岩に見られるブロック溶岩の表面.

ている人もいることと思う。

玄武岩はハワイ島のほぼ一〇〇パーセントを形成している岩石である。日本では八丈島、富士山、伊豆大島などに玄武岩の溶岩がしばしば噴出しているので、パホイホイ溶岩とアア溶岩を簡単に見ることができる。ただし、アア溶岩のほうが一般的で、パホイホイ溶岩は少ないのであるが。

これらに対して、安山岩や流紋岩のマグマが地上に出たときには、玄武岩の場合とは異なる形状の溶岩となって流れる。ブロック溶岩というのがそれである（図1－5）。日本語では塊状《かいじょう》溶岩とも訳される。パホイホイ溶岩とアア溶岩に対する第三番目の典型的な溶岩流である。

ブロック溶岩は表面に二メートルを超えるような溶岩の塊を乗せている。このブロックは堅くて緻密《ちみつ》な溶岩塊からなっており、緩《ゆる》やかな曲面からなる多角形をしている。表面はザラザラしており、トゲのように細い溶岩片が突き出していることもある。

日本でも群馬県と長野県の県境にある浅間山には、典型的なブロック溶岩が見られる。江戸時代の天明《てんめい》年間（一七八三年）の噴火で流出した鬼押《おにお》し出し溶岩がそれである。有料の遊歩道が整備されているので自由に歩きまわることができるのだが、もし歩道がなかったら非常に歩きにくかったと思われる。ここではブロック溶岩の表面形態などを、細かく観察することができる。

図 1-6 静岡県の大崩海岸に露出する枕状溶岩．1 個の「枕」の横幅は約 40 cm．

水中の溶岩流

溶岩は地上に出るだけでなく、海の底でも噴出する。海底で見られる典型的な溶岩に、枕状《まくらじょう》溶岩というものがある。これは、水中で溶岩がニューッと絞《しぼ》り出されたときに生ずる。

一九七〇年代に、ハワイ沖で海底火山が噴火したときに、枕状溶岩ができる映像が撮影された。溶岩流が殻《から》を破って次から次へと出ながら前面へ進んでいくようすが、世界で初めて撮《と》られたのだ。かなり危険な状況だったのだが、米国地質調査所のジェームズ・モア博士が専門のダイバーと組んで、枕状溶岩が生まれる瞬間を見事にビデオに収めたのである。これらの映像は、国際火山学会の制作したビデオでも見ることができる。

実は枕状溶岩は、地上でも見ることができる。かつての海底で溶岩を流出した場所が、隆起によって地表に持ち上がったのだ(図1-6)。一五〇〇万年も昔の枕状溶岩なのに、見事な外形が残っている。

枕状溶岩は、その土地がかつて海の底にあった確かな証拠となる。たとえば、北極海のグリーンランドで、四〇億年前の枕状溶岩が見つかった。この発見によって、地球上で四〇億年も前にはすでに海があったことが分かったのだ。よって地層の中に枕状溶岩を見つけると、地質学者はたいそう興奮するのである。

陸上と水中に限らず、溶岩流にはこのように興味深い形態がある。火山ガスや火山灰は風に吹かれて飛んでいってしまうが、溶岩は流れたあとにもしっかりと残っている。このため昔から火山学の中でも、溶岩に基づいた研究が比較的進んできたともいえる。

2 軽石――泡立つマグマの破片

昔の家庭の風呂場には、必ず軽石があった。私は子供のころ、水に浮かぶ穴だらけの軽い石があることに驚いたことがある。これが天然の岩石の一つであることには思い至らず、何かの人工物であると思っていたくらいだ。

　天然物の軽石がいくらでも手に入るところがある。サーフィンのメッカとして有名な伊豆七島・新島《にいじま》の羽伏浦《はぶしうら》には、浜辺にたくさんの軽石が漂着している(図1-7)。浜から山の方を振り返ってみると、先にはなだらかな丘陵があり、浜の背後で崖が切り立っているのだ。

　この崖をつくっている地層には、漂着したものと同じ白い軽石がたくさん入っている。このことから、浜の軽石はここからもたらされたものであろうと推察がつく。この崖は一一〇〇年ほど前(西暦八八六年)に、新島が大爆発したときに積もった噴出物からなっている。つまり、崖の全体が火山活動によって短期間にできてしまったのである。実は、新島自体、全島がマグマの産物からなる活火山なのである。

図1-7　伊豆七島・新島の羽伏浦海岸で採取した軽石．波によって丸く磨かれたもの．

　軽石とは文字どおり、軽くなった岩石である。軽い理由は、中に空気の泡がたくさん入っているからだ。スカスカの岩石となっているため、密度が小さくなっている。水に浮かべてみると分かるだろう。

　軽石とは、もともと高温のマグマが地表に出てきて固まったものである。先に述べた溶岩と同類なのだが、いちばん異なるのは穴だらけになっている点である。同じ物質からなるのだが、でき方がかなり違うのだ。では、なぜ、このような穴の多い岩石になったのであろうか。

多数見られる穴の正体は、気体が抜けた跡である。つまり軽石とはガスの抜け殻《がら》の岩石といってもよい。このガスの大部分は、水蒸気である。もともとマグマの中に含まれていた水が水蒸気となって、泡をつくったのだ。そしてマグマが冷え固まったときに、この泡がそのまま空洞として取り残されたのが軽石である。

マグマの発泡と噴火

地下の深いところにマグマが存在するときには、水は液体のマグマの中に閉じ込められている。熱いマグマに水というと、不思議な気がするかも知れないが、マグマを構成しているケイ素や金属元素の間に、水はイオンとなって押し込められているのだ。高温高圧のマグマには、重さにして四~五パーセントほどの水が溶け込んでいる。

ここからは、マグマの中の水が水蒸気になるしくみを述べてゆこう。そのために、地下のマグマが地表へ向けて移動するようすを考えてみる。

火山の地下には、熱いマグマに満たされた「マグマだまり」がある。マグマが地上へ向けて移動すると、マグマ全体にかかる圧力が下がる。圧力の低下につれて、溶けていた水が気体の水蒸気になるのだ。すなわち、マグマが地表に近づいたあたりで、マグマは一気にブクブクと泡だちはじめるのである。これが軽石の穴の成因である。

噴火のしくみについて、具体的に見てみよう(図1－8)。マグマの中で泡立つ現象を、順番に追っていくことにする。図は下から上へ見てほしい。

噴火前の静かな状態では、水はマグマの中に溶けている(図1－8a)。その後、マグマだまりに何らかの力が外から働き、マグマが地上へ向けて上昇することがある。そうすると、マグ

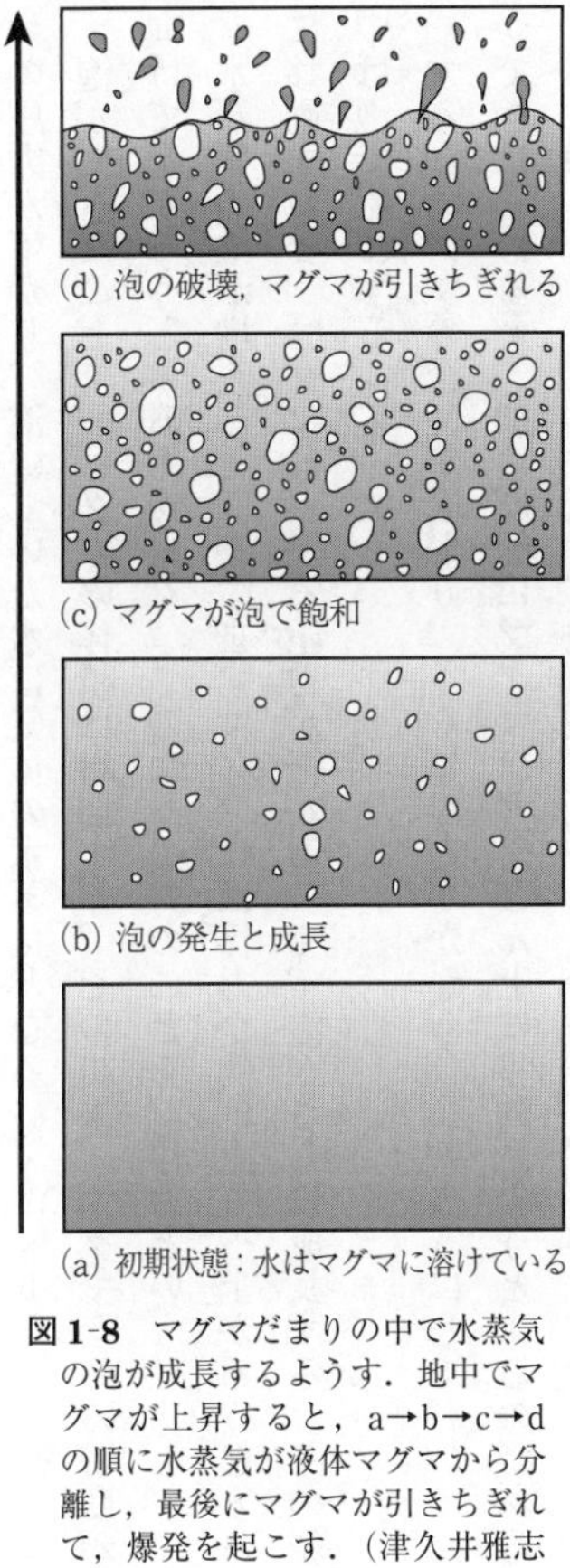

図1-8　マグマだまりの中で水蒸気の泡が成長するようす．地中でマグマが上昇すると，a→b→c→dの順に水蒸気が液体マグマから分離し，最後にマグマが引きちぎれて，爆発を起こす．(津久井雅志氏による)

マの圧力が下がり、溶けていた水は気体の水蒸気となる（図1－8b）。泡ができたことで、マグマの体積は増加する。その結果、マグマ全体の密度が下がり、上に向けて上がろうとする力が働く。このような力のことを、浮力《ふりょく》という。水蒸気の泡が増えると、ますますマグマには浮力が働き上方へ上がろうとする。マグマが上に移動すると、マグマにかかる圧力が下がるので、泡がさらに成長する。その結果、マグマの中は泡で飽和する（図1－8c）。

するとマグマの密度が下がり、さらに浮力がかかる。このようにして、いったん水蒸気の泡ができはじめると、加速度的にマグマはどんどん上に移動しようとするのである。

ある深さにまで上昇すると、泡と泡が互いにくっついて、マグマが爆発的に引きちぎれるという現象が起きる（図1－8d）。液体のマグマと気体の水蒸気が、全体として分離しはじめるのだ。

これらの現象を、実際の火山で起きていることで考えてみよう。火山の地下にあるマグマだまりから、上へまっすぐ伸びる通路がある。ストローのようなこの通路のことを、火道《かどう》という（図1－9）。マグマが地上に出てくる際に、火道は何回も使われる。

先ほど述べた水が泡立つ現象を、この火道の中でくわしく見てみよう。まず、火道の深い位置で、マグマが泡立ちはじめる。これを火山学ではマグマの発泡《はっぽう》という（図1－9a）。火道の

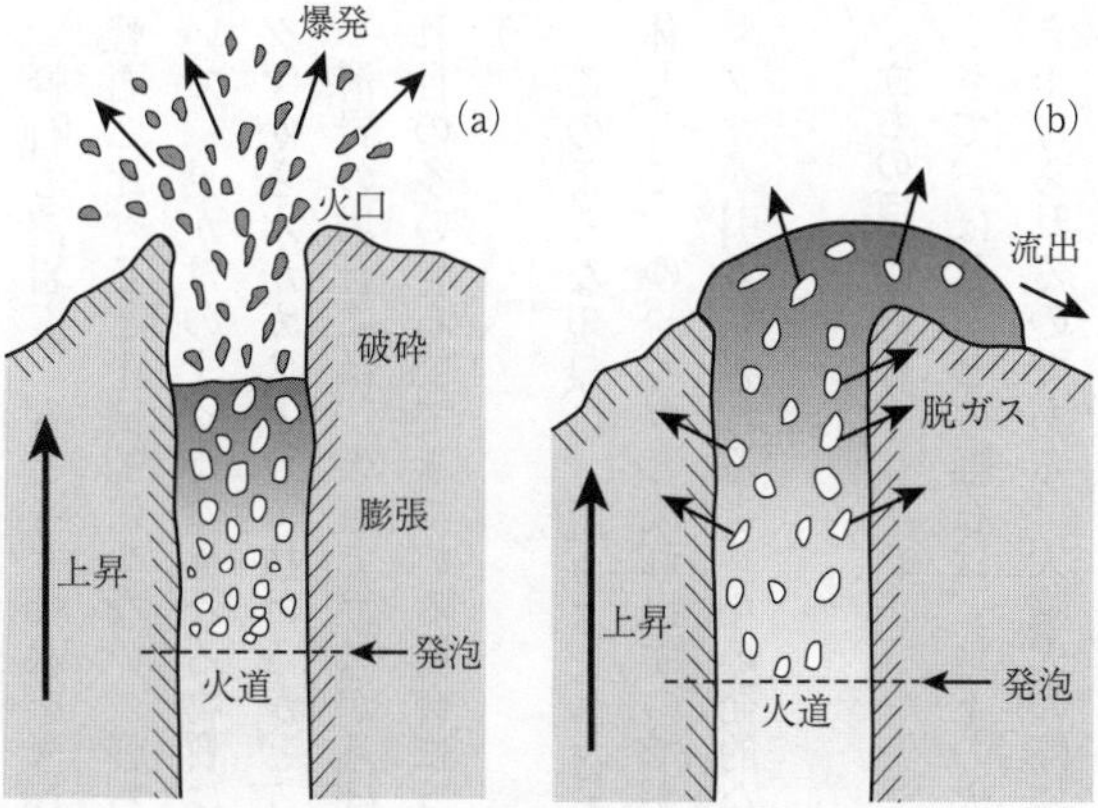

図1-9　火道を上昇するマグマの変化．(a)水蒸気の泡が途中で抜けずに増加し，火口から爆発し軽石や火山灰を放出する．(b)水蒸気の泡が途中で抜けてしまい，火口から溶岩が流れ出す．(井田喜明氏による)

中で、ある深さから発泡が始まるのである。引き続いてマグマが火道中を上昇するにしたがって、泡の量が増えて全体が膨張する。浅くなることで、圧力が下がるからだ。その後、さらに地表に近づくと、泡の破壊が起こってマグマは引きちぎれる。マグマの破砕《はさい》である。

最後に、引きちぎれたマグマの破片と水蒸気は火道を一気に上昇し、地上では爆発が起きるのである。引きちぎれた破片には、泡の跡がたくさん残っている。これが軽石なのである。冷え固まった岩石の中の泡の跡のことを、気泡《きほう》と呼んでいる。

ここまでに説明した内容は、空から軽石を降らせるような爆発的な噴火のメカニズムである。一方で、1節で述べた溶岩流が噴出するときには、これとは異なる現象が起きている(図1－9b)。

軽石も溶岩も、もともとは水を含むマグマに由来する。溶岩にも気泡は残っているのだが、軽石と比べると圧倒的に少ない。軽石と溶岩は、同じマグマが火道を通過する際の条件のちがいで、見かけのまったく異なる物質になったものなのだ。この条件とは、地上に達する前にマグマから水がガスとして抜けるかどうか、である。

溶岩の場合には、火道でガスが逃げてしまう現象が起きる。たとえば、火道がグサグサの割れ目の多い岩石でできている場合には、火道の中をマグマが通過する間に、ガスが抜けてしまう。

このような現象は、脱《だつ》ガスと呼ばれる(図1－9b)。その結果、マグマは地上の火口から液体として、ゆっくりと流れ出すのである。爆発の源となる水が火道の途中で抜けてしまうため、マグマが引きちぎれるような爆発的な噴火には至らない。

立ちのぼる噴煙柱

さて、ほとんどの軽石は、地下の火道で生産される。火道でできたものが一気に空中まで噴き上げられるのである。大噴火の際には、気泡をたくさん含む軽石が、空から大量に降ってくる。このような軽石のことを降下《こうか》軽石という。

空から降るまえに、軽石は数十キロメートルの上空まで噴き上げられる。マグマの破片が上空に持ち上がる途中で冷やされて、空洞を残した軽石として固まるのである。
火山灰とガスが火口から上空に噴き上がる現象を、「噴煙柱《ふんえんちゅう》が立ちのぼる」という。噴煙とともに軽石が、文字どおり柱のように高く上昇するのだ。噴煙柱が何十キロメートルも立ち上がるためには、莫大《ばくだい》なエネルギーが必要である。このエネルギーは、基本的にはマグマの熱に由来している。

マグマが泡立つときには、体積が増える。マグマ中に溶けていた水が気体の水蒸気になると、その体積は一〇〇〇倍以上に増える。この膨張する力によって、マグマそのものが空たかく噴き上げられるのである。

噴煙柱が上にのびる原因には、もう一つある。火口から細かく砕《くだ》かれたマグマが大気中に放出されると、マグマは周囲の大気に熱を与えて大気を軽くする。軽くなった大気が噴煙柱の中に取り込まれると、噴煙柱をさらに立ちのぼらせるのだ。

つまり、立ちのぼる噴煙柱が、さらに浮力を獲得するのである。実は、熱くなった大気を取り込むことで生じる上昇力は、火口から直接ガスが放出される勢いよりずっと大きい。マグマがバラバラになることで自分の熱をまわりの大気に効果的に渡すと、噴煙柱をさらに高く上げる結果を生むのである。

軽石の穴は語る

さて、話を軽石に戻そう。軽石の穴には、別の大事な情報が隠されている。穴は水蒸気がたくさん抜けた痕跡であり、これはマグマからエネルギーが短時間に解放されたことを意味しているのである。

いま溶岩と軽石を比べて考えてみる。同じ量のマグマが出す熱エネルギーは、穴のない溶岩も穴のある軽石もちがいがない。しかし、穴をたくさん含む軽石があるということは、マグマの熱が水蒸気といっしょに、短時間のうちに大気に放出されたことを示している。

というのは、もし水蒸気が抜けるのに長い時間をかけていたら、気泡のない塊になってしまうからだ。たとえば、溶岩に穴が少ないのは、水蒸気が抜けた証拠が穴として残らないほど、ゆっくりと固まったからなのである。したがって、穴の多い軽石の存在は、短時間に大きなエネルギーを解放する激しい噴火だったことを意味するのだ。

実際、激しい噴火ほど、とても良く泡立った軽石ができている。そして軽石に含まれる泡の形をくわしく観察すると、しばしば泡が長く引き延《の》ばされていることがある。これは特に激しい噴火に特徴的な泡で、火道で軽石の泡が引き延ばされてできたものだ。そもそも噴煙柱が高くのぼる原動力は、マグマの泡立ちに由来するのである。

噴煙柱とともに巻き上げられた軽石は、いずれ地上へ落ちてくる。大量の軽石が、空からバラバラと降ってくるのである。地上に厚く降り積もった軽石は、地層をつくる。関東平野では軽石の厚い地層を見ることができる。

たとえば、神奈川県にある箱根火山から六万年前に噴出して降り積もった軽石層が、南関東に広く分布している。これには東京軽石という名前が付けられており、神奈川県の江ノ島では白い軽石が厚さ四〇センチメートルも積もっている。箱根火山の大噴火によって、遠く埼玉や千葉まで軽石が飛んでいったのだ。

これと同様に、かつて富士山が噴火したときの軽石が、南関東一帯に降り積もった。立川ローム層と呼ばれている粘土層は、富士山が数万年前に大噴火したときに飛んできた軽石のなごりである。今では風化して軟らかい粘土になっていることも多いのだが、もともとは降下軽石なのである。富士山の最新の噴火による降下堆積物は、山頂の南東にある宝永《ほうえい》火口の近くで観察することができる。三〇〇年ほど前の江戸時代におきた大爆発で噴出したものだ。

なお、富士山から噴出した軽石は、専門用語で「スコリア（scoria）」と呼ばれる。これは黒っぽい軽石に対して用いられる言葉である。穴のあいた石で白いものは軽石、黒いものはスコリアと覚えておけばよいだろう。

さて、軽石には園芸用にたいそう重宝されているものがあるのをご存じだろうか。栃木県に産出する鹿沼土《かぬまつち》がそれである。これは鹿沼市から五〇キロメートルほど西にある赤城《あかぎ》火山(群馬県)の噴火によって降ってきた軽石を母材としている。軽石が風化して軟らかくなり、水はけが良く保湿性もよい土壌となっている。ここでは軽石の化学成分とは関係なしに、細かい穴がたくさんできているという性質が、園芸用土壌として役に立っているのだ。風呂場にあった堅い軽石も鹿沼土のような軟らかい軽石も、いずれもマグマが泡立つ噴火による産物である。そして軽石ができるときには、噴煙柱から火山灰も大量に生産される。次節ではこの火山灰について見てゆこう。

3　火山灰──マグマの小さな粒々

鹿児島市の沖にある桜島は日本でも有数の活火山だ(図2-6参照)。晴れた日には山頂から灰色がかったもやもやとした雲のようなものがたなびいていることがある。この雲の風下に立つと、空からパラパラと火山灰が降ってくる。よく見ると、ごくごく小さな石のつぶである。皮膚についた火山灰はザラザラとしており、もし眼に入ったりするととても痛い。火山灰の降る日は、洗濯物を外に干すのに差しつかえるほどである。鹿児島地方の天気予報では、桜島の噴出する火山灰がどちらの方角へ流れていくかを伝えている。

火山灰は文字では「灰」と書くが、タバコや炭が燃えて残る灰とはまったく異なる。何かの燃えかすではなく、細かく軽くてフワフワした物質だから「灰」という名前が与えられたのだ。

その正体は、岩石が細かく砕《くだ》かれたものである。先に述べた軽石がさらに小さくなったものといってもよい。軽石は液体のマグマが引きちぎれて冷えて固まったものだが、軽石がさらに細かく砕かれたものが火山灰の主役なのである。

図 1-10　顕微鏡で見た火山灰．鹿児島湾をつくる姶良《あいら》カルデラから 2 万 9000 年前に噴出した AT 火山灰．(檀原徹氏撮影)

火山灰を顕微鏡で見ると、いろいろな形をしているのが分かる(図 1-10)。とがった角をもつものや、平面で囲まれたようなかけらなどが見える。砂粒をさらに小さくしたような溶岩のごく小さな破片も入っている。

また、たくさん穴のあいた軽石をそのまま縮小したようなものもある。表面に細かい気泡がたくさん見えており、砂粒状の火山灰が泡立ったような感じだ。

さらに、電球が細かく割れたときにできるような、丸みを帯びたガラス片もある。キラキラと光っていて非常に美しいのだが、これは軽石の泡の表面で固まった部分が砕かれたものである。

その他に、白色や黒色のやや不透明なかけらもある。これらはマグマに含まれていた結晶の粒である。火山灰を構成する破片は、いずれもマグマが冷やされる途中で砕かれた結果できたものなのだ。

このほかにも火山灰には、マグマが火道を上がっていくときに、周囲の岩石を削ってきたものが含まれる。顕微鏡で見ると、さまざまな色や形をしていて、マグマが冷やされる途中で砕かれたものとはちょっとようすが異なる。このように火山灰にはいろいろな起源のものが含まれているのだ。

火山から飛び出した物質は、大きさによって呼び分けられている。粒の直径が二ミリメートルよりも小さなものを、火山灰と呼ぶ。それよりも大きなものは火山レキという。火山レキの大きさの上限は六四ミリメートルである。

なお、六四という数字は唐突なように思われるかもしれないが、これは二の六乗(二を六回かけた数字)である。地質学では物体の大きさを倍々の数字で表現する習わしがあるからだ。

さて、火山レキより大きくなって六四ミリメートルを超えると、火山岩塊《がんかい》と呼ばれる。この火山岩塊の大きさには上限がない。

火山灰に話を戻すと、火山灰の小さなものに対しては、同様に下限がない。火山が放出する粒子で、二ミリメートル以下のものはすべて火山灰と呼ばれるのである。

空から降ってくる火山灰

さて、火山が噴火活動を始めると、火山灰が空たかく舞い上がることが多い。巻き上げられた火山灰は、いずれ地上に降ってくる。これは降下《こうか》火山灰という。

噴煙は、最も高い場合には上空五〇キロメートルまで上昇する。これは先に述べた噴煙柱といわれる現象である（図1－11）。ちなみにジェット機が飛行する高度は、十数キロメートルくらいである。

図1-11　米国ワシントン州にあるセントヘレンズ火山から1980年7月22日の噴火で立ちのぼった噴煙柱.（©M. K. Krafft/CRI-Nancy-Lorraine）

地球の大気は層をなしている。地上からおよそ一一キロメートルまでが対流圏、その上が成層圏と呼ばれる。対流圏では空気が対流しており上下に入れかわる。ここでは雲ができ雨が降ってきたりする。その上の成層圏では、強い風が一定方向に吹いている。

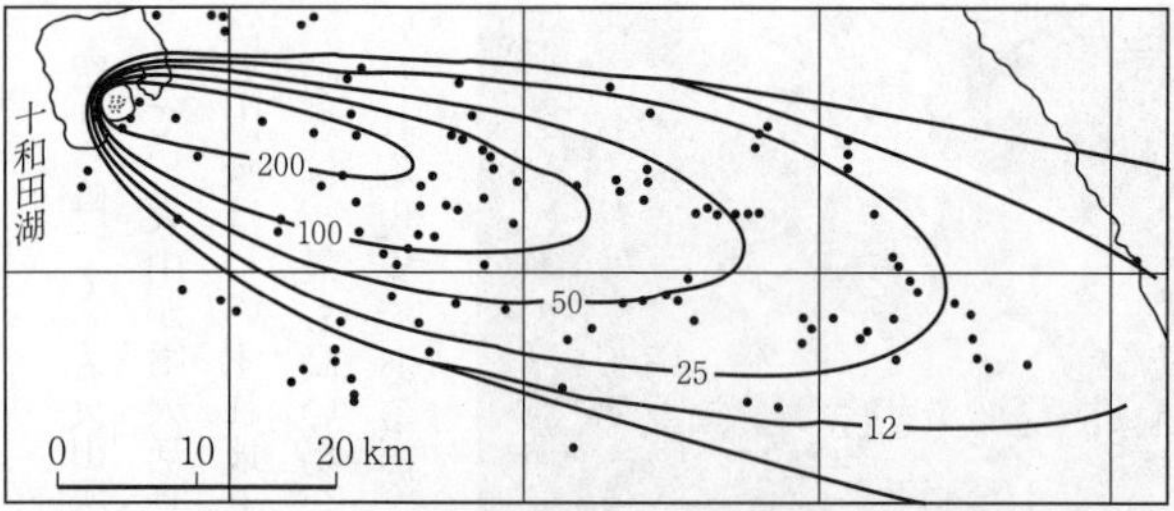

図 1-12　十和田湖から 9500 年前に飛んできた軽石や火山灰の厚さを，センチメートル単位であらわした図．等層厚線図ともいう．軽石や火山灰が十和田カルデラの南東から噴出したことが分かる．（早川由紀夫氏による）

火山灰を大量に含んだ噴煙柱は、対流圏を突きぬけて成層圏にまで達することがある。成層圏に火山灰が突っ込むと、強い横風によってはるか遠くへ運ばれることになる。この結果、大きな噴火が起きると火山灰は何百キロメートルという思わぬ遠方まで降り積もるのだ。

非常に細かい火山灰は、成層圏の中で地球を一周することもある。時には何カ月も漂《ただよ》うことがあり、このような場合には火山灰が特定の波長の光を吸収し、世界中で夕焼けが普段よりも赤く見える日が何日も続く。

さて、地表に降り積もった火山灰は、風によって再び舞い上がったりする。しかしある程度の厚さの火山灰が積もると、地層として残ることができる。

たとえば、地表近くにある黒土の中に、白っぽい火山灰の層が挟《はさ》まれていることがある。これはかつて大きな噴火が起きた証拠を示している。

時には、地層中の火山灰層は何メートルもの厚さになる。

図 1-13　雲仙普賢岳の噴火で降り積もった火山灰が風で舞い上がる島原市内.（長崎県島原市提供）

その中をよく見ると、色や粒径が少しずつ異なる何十枚もの火山灰の層からできていることに気づく。これらは、それぞれが一回ごとの爆発や噴火に対応する場合が多い。

地層として残っている火山灰をいろいろな場所で追跡してみると、おもしろいことが分かる。

火山灰は火山の近くでは厚く積もり、遠くに離れるにしたがって層が薄くなる傾向があるのだ。このことは、火口から噴き出たものが、近くで大量に落下し、遠方ではその残りが降り積もったことを意味している。

このように、遠くにいくほど層が薄くなるという一見当たり前の現象も、フィールドワークの結果で実証されるといたく感動的なのである。

これとは逆に、地層の観察から、未知の噴出源を知ることができる。火山の周辺に降り積もった火山灰の厚さを丹念に調べることで、火山灰を出した過去の火口を突き止めることができるのだ。火山灰層がしだいに厚くなっていく中心に、噴き出した火口があったのである(図1―12)。

一般に大型の火山では、火口が複数あることが多い。たとえば、九州の霧島火山や九重火山がそうである。多数ある火口のうち、どこから火山灰が噴き出たのかを、このような方法で確かめることができる。

地上に降った火山灰は、なかなか移動しない。たとえば、下水に入った火山灰は流れずに、下水管を詰まらせてしまうこともある。また、空中を漂う火山灰は、喉や気管支を痛める(図1―13)。コンピュータの吸気口から入った火山灰が中に付着して、誤作動を引き起こすこともある。たかが火山灰というなかれ。火山灰はさまざまな被害をもたらすことがあるのだ。

4　火砕流とカルデラ湖

北海道には美しい風景がたくさんあるが、霧の摩周湖《ましゅうこ》ほど訪れる人の心をつかむ湖はそう多くはない。湖は切り立つ崖で囲まれている。この斜面を有名な霧が流れ込んでくる光景は幻想的ですらある。姿かたちの美しさだけでなく、湖にまつわる伝説がよりいっそう人々を惹《ひ》きつけてきた。

図 1-14　空から撮影した北海道・摩周カルデラの地形.（宇井忠英氏撮影）

実は摩周湖は火山活動によってできた湖である（図1－14）。急斜面の輪郭はカルデラをつくっている。カルデラとは、地面が大きくへこんで鍋底状の凹地《おうち》をつくっているところをいう。地面が広範囲に陥没することによってできるのである。

この秀麗な湖は七〇〇〇年ほど前に大爆発によってできたカルデラ湖なのだ。崖には湖面へ降りる道が一本もなく、人を寄せ付けない。生まれたままの自然が残されており、今でも摩周湖は日本一透明度の高い湖である。

この崖は専門用語でカルデラ壁《へき》と呼ばれる。また、カルデラ中央に浮かぶ小さな島は、カルデラ噴火後の噴火活動の痕跡である。

ここでカルデラのでき方を考えてみよう。

地面が大きく陥没したのは、かつて地下にあったマグマが大量に地表へ噴き出したからである。ちょうどマグマが地中で占めていた体積の分だけ、地表が陥没したのである。いうなれば眼前の切り立つ崖から下へ落ち込んだ部分がすべて、そのまま地下にあったマグマと置き換わったと考えたらよいだろう。

これほど大量のマグマが出るためには、先の節で述べた溶岩流のように地下からゆっくりと出てきたのでは追いつかない。地面が陥没するためには、一気に大量のマグマを出すようなしくみが必要だ。これがカルデラ噴火というしくみなのである。

この時に、火山は「火砕流《かさいりゅう》」を放出して、マグマを短時間に地上へ出すという手を使う。マグマを一気に泡立たせて、高速で地下から地表へ出してしまうのだ。

火砕流の速さは、時速にして一〇〇キロメートルを超えるような速度である。いま「泡立たせて」と書いたが、マグマは溶岩流のような液体として出たのではなく、マグマの中に発生した気体が膨張する力を利用して、地上へ向けて一気に上昇したのである。

では、火砕流とはいったい何からできているのだろうか。一般の人たちは黒い煙が流れるようなイメージをもつことが多いようだが、火砕流は四つの物質からなる。軽石、火山灰、岩片、火山ガスの四つである。火砕流とは、実は固体や気体を大量に含む流れなのである。

これまで溶岩や火山灰など、目で見ることが容易な対象について語ってきたが、火砕流はあまりにも危険なため近づいて見ることはできない。離れた位置からかろうじて外側を撮影するくらいしかできないので、火砕流の中で起きている現象については、見たこともない世界を説明することになる。頭の中でイメージをふくらましながら、現実に起きた現象を解読するしかない。

これは溶岩や火山灰という物体を具体的に扱う「モノ派」の火山学に対して、筋道をおいかける「スジ派」の火山学といってもよいかもしれない。「スジ派」は、残された証拠と物質の運動にまつわる理屈から、想像力たくましく話を組みたてる。何万年も前の噴火を、まるで見てきたかのように語るのである。しばらくこの「スジ派」の物語におつき合い願いたい。

図 1-15　雲仙普賢岳から流れだした火砕流．(1991 年 5 月 30 日に杉本伸一氏撮影)

さて、溶岩流の場合には液体のマグマがそのまま流れるのに対して、火砕流はまったく異なる流れかたをする、と火山学者は考えている。火砕流の中では、軽石や火山灰などが火山ガスの中に浮いた状態で、地上を高速で走るというのだ(図1-15)。

このような現象を、物理学では粉体流《ふんたいりゅう》と呼んでいる。いわば、固体と気体が一団となって、

図1-16　雲仙普賢岳の火砕流によって焼けた自動車の内部.（宇井忠英氏撮影）

一気呵成《いっきかせい》に流れる現象である。液体だけがとろとろと流れる溶岩流とは、まったく異なる現象が起きているのだ。

一般に火砕流は、摂氏六〇〇～八〇〇度を超す高温の流れなので、この中に巻き込まれたものは、樹木でも動物でもすべて焼き尽くされてしまう（図1－16）。つまり、高温の固体に加えて高温の気体が存在する、というのが火砕流のポイントなのである。

さて、マグマの主な成分は、ケイ素と酸素が結合したケイ酸である。ケイ酸とは化学式では SiO_2 と書く。2節で述べたように、マグマの中には水がかなり溶けているのである。この水が水蒸気となったときに、マグマが激しく泡立つのである（図1－8参照）。液体の水が気体の水蒸気になると、その体積は一〇〇〇倍以上にも膨《ふく》れ上がる。

お奨《すす》めはしないが、こんなイメージだ。熱いスープをミキサーに入れて、蓋《ふた》を閉めてスイッチを押すと、類似の現象が起きるのだ。熱によってたちまち空気が膨張し、ミキサーの蓋が吹き飛んでしまう。おまけに中のスープは外に噴きこぼれる。あとに残るのは空っぽのミキサーというわけである。これが、火砕流が噴出してカルデラができる様子なのである。ただし、火砕流ほどではないが危険なので、実行しないでいただきたい。

火山では、マグマに溶けていた水の発泡によってマグマの体積が急激に増加し、その勢いで爆発が起こる。それとともに、液体のマグマは引きちぎれて、四方八方へ飛び散ることになる。水の力を借りてマグマが軽石や火山灰へと七変化《しちへんげ》することによって、多様な姿を私たちに見せてくれるのだ。

摩周湖では、しばしば霧が外から湖面へと流れ込む美しい光景が見られる。しかし、火砕流が噴出したときには、これとはちょうど逆で、泡立ったマグマが湖の中心から外へ向けて、崖を駆《か》け上るのである。こんな激烈なイメージで、火砕流とカルデラをとらえていただければよいかと思う。

ところで、霧は低温だが火砕流は高温である。もとは摂氏九〇〇度を超えるような高温の泡立つマグマが、まず高速で上空へ立ちのぼってゆく。高温のマグマはカルデラの外へ出ると火砕流となって、時速一〇〇キロメートルという高速で、摩周湖のまわり二〇キロメートルの遠方まで一気に流れ下る。

このとき、途中にあるすべてのものを、なぎ倒しかつ焼き尽くすのだ。また、火砕流のもたらす膨大な堆積物は、川や谷、小さな山などの地上の起伏の大部分を埋めてしまう。この結果、カルデラの周囲には平らな地形が、はるか遠くまで広がることになる。

このような平地のことを火砕流台地という。九州の阿蘇《あそ》カルデラや北海道の洞爺《とうや》カルデラの周囲に広がる平坦面がこれである。

火砕流台地は、カルデラから噴出した火砕流が低地を埋めたててつくるような大噴火に特有の地形である。阿蘇カルデラではよく見ると、噴出源であるカルデラ縁から角度にして三度くらいの傾斜をもった緩《ゆる》い斜面が延々と続いている。カルデラの外側へ何十キロメートルも、徐々に高度を下げながら火砕流台地が広がっているのは、壮観である。

カルデラをつくるような噴火は、数ある火山現象の中でもとびきり大規模なものである。よって、カルデラ噴火は「巨大噴火」と呼ばれることがある。人類が経験した自然災害としても特筆すべき事件であり、文明を滅ぼした例もあるのだが、これについては後の章であらためて紹介しよう。

5　成層火山の山体崩壊

日本には「○○富士」という美しい山がたくさんある。北海道の羊蹄山《ようていさん》は蝦夷《えぞ》富士、青森県の岩木山は津軽富士、鳥取県の大山《だいせん》は伯耆《ほうき》富士、大分県の由布岳《ゆふだけ》は豊後《ぶんご》富士、鹿児島県の開聞《かいもん》岳《だけ》は薩摩《さつま》富士とそれぞれ呼ばれている。

○○富士と呼ばれてきた山は、いずれも円錐形の高い山をなしている。山頂にある火口から何百回となく噴火をくり返し、噴き出した噴出物が山自体を高くしてきたからだ。

このような円錐形の山は、溶岩・軽石・火山灰が積もってできていることから、成層《せいそう》火山と呼ばれている。軽石や火山灰を噴き出す合間に溶岩が流れ、噴出物を固着させつつ高く積もらせた歴史をもつ火山である。○○富士の多くは、アップルパイのような層をなす構造をもつ成層火山なのである。

成層火山は見た目には美しい山体だが、噴出物を累積《るいせき》してとりあえず固めただけのもので、内部はガサガサの状態である。ここに新たな噴火が始まり力が加えられると、山全体が崩れることがあるのだ。

加わる力とは、たとえば地下を上昇しながら出口を探すマグマの力である。よそで起きた大きな地震に見舞われて、火山がもろくも崩れる場合もある。したがって、○○富士というのは、永続するような火山体では決してないのである。

成層火山がいったん山体崩壊を起こすと、たいへん破壊力の強い別の現象をともなう。「岩なだれ」と呼ばれているものである。崩れて消えた部分に相当する莫大な量の岩石が、一体となって高速で流れ下るのだ。火山の上部の四分の一ほどを構成していた溶岩などが大きなブロックに壊れて、さらに粉々に砕けてゆく。

ここでブロックというのは火山学の専門用語で、家一軒ほどの岩石のひとかたまりが他と区別できるときに、名づけられたものである。つまり、一〇メートルを超すような巨大な岩塊が、ブロックとして山の斜面を走り、流れ下るとともに次第に小さく砕かれてゆく。

岩なだれの中では、巨大なブロックと岩の粉とが一体になって流れる。ブロックに巻き付くように、岩の粉が取り巻いて流走するのだ。この時、細かく砕かれた粉は、ブロックを浮かせて遠くまで運ぶ役割を果たしている。いわば、石の粉が滑《すべ》り台になったような状況である。

磐梯山の岩なだれ

活火山の一つである福島県の磐梯山《ばんだいさん》も、かつては磐梯富士と呼ばれるほどに見事な円錐形の姿があった。これが明治二一年(一八八八年)に起きた大噴火で、山が一瞬にして崩れてしまったのだ。秀麗な山容が一変し、現在では馬蹄形《ばていけい》に大きくえぐれた山が残っているだけである(口絵カラー写真②)。火山学では馬蹄形カルデラと呼ばれている。

山体崩壊の際に高速で流下した岩なだれは、途中にあるすべてのものをなぎ倒した(図1-17)。大規模な岩なだれが北へ流れ出した結果、山麓には全滅した集落も出た。崩壊で生じた膨大な量の土砂と岩塊は、一〇キロメートルも遠方にまで達した。現在でも磐梯山北方の裏磐梯地方には、この痕跡が地形として残っている。
岩なだれから流れ出た多量の物質は、川をせき止めていくつもの湖をつくった。磐梯山の北にある長瀬川の流域では、檜原湖《ひばらこ》(口絵カラー写真②)、小野川湖、秋元湖、五色沼などの多くの湖ができたのである。

図1-17　磐梯山の噴火直後に帝国大学関谷清景教授によって描かれた北から見た磐梯山のスケッチ．(東京大学地震研究所所蔵)

檜原湖の湖畔には、現在でも巨大なブロックが残っている。湖に浮かぶ島と湖の縁にある丘地形は、岩なだれで運ばれてきたブロックを表している。幅数十メートルにおよぶ小山の一つ一つが、岩なだれの核となっていたブロックのなごりなのである。

このような岩なだれに特有の火山地形を「流《なが》れ山《やま》」という。まさに山が流れてきたという状況にピッタリの名称である。「動かざる事山のごとし」という名文句は、火山の世界では通用しない。富士山のようなどっしりとした重量感のある火山体が、ある時突然崩れ去ってしまうからだ。

ブラストの爆風

岩なだれの発生には、もうひとつ大変危険な現象がともなう。岩なだれよりもさらに広範囲に災害をもたらす爆風である。すなわち、岩なだれと同時に強力な爆風が吹き荒れ、磐梯山の山麓に大きな被害をもたらしたのである。この現象は「ブラスト(blast)」と名づけられている。

なお、ブラストは火砕流と同じように、水平方向への強いエネルギーをもつ流れである。両者は似たような被害をもたらすが、ブラストは火砕流よりも低温であるという特徴をもつ。

言い換えれば、噴火起源の横なぐりの流れで、流域にあるすべてを焼き尽くすほど高温ではない高速の流れを、ブラストと呼んでいるのである。火山学では、ブラストは岩なだれにともなって発生するときに用いられることが多い。

図 1-18 セントヘレンズ火山のブラストによって破壊された大木．爆風の流れた方向に木がすべて倒れている．(宇井忠英氏撮影)

さて、ブラストは岩なだれと同時に発生するのであるが、岩なだれよりも高速で走り去る。

そのために、岩なだれよりも先に到達して被害を起こすことがある。単なる強風ではなく、爆風とともに岩石のかけらが砂嵐となって吹き荒れるのだ。

ブラストには地上の土壌を削り取る力がある。そのため、時には途中にあったものを巻き込みながら襲ってくる大変恐ろしいものである。

この結果、流域にあった直径一メートルを超すような大木がいとも簡単になぎ倒される(図1-18)。木の枝がことごとく払われて丸坊主になることすらある(図1-19)。ブラストの襲来した家屋はたちまち全壊し、あたりは荒涼とした風景になるのである。

図1-19 セントヘレンズ火山のブラストによってむしり取られた木の幹. 爆風が右から左へ襲ったことを表している.

ブラストが通ったあとの地表には、数センチメートルくらいの厚さの堆積物が残る。木々や家屋が完全に破壊されているのに、薄く砂粒しか残っていないことに驚かされる。ブラストの中に入っている粒子がきわめて速く運動しているために、破壊力を大きくしているのである。

磐梯山の山体崩壊でも、ブラストはあとにほとんど何も残さなかった。このことは、岩なだれが河川をせき止めるほど大量に堆積物を残しているのとは対照的だ。このため、古い地質時代の岩なだれにブラストがともなっていたことは、最近までよく分からなかった。ブラスト現象の詳細が分かってきたのは、一九八〇年に米国西部でセントヘレンズ火山が衆人注視のもとで噴火してからである。山麓の広大な地域に、ごく薄いブラスト堆積物が残されていたので、はじめて認識できたのである。

岩なだれとブラストは、日本のみならず世界にある多くの火山で発生している。山は高くなればなるほど重みで不安定になるので、いずれは崩れる運命にある。実は富士山も、二九〇〇年ほど前に巨大な山体崩壊を起こして岩なだれを起こした。そののち何千年もかけて溶岩や火山灰を噴き出し、あの美しい円錐形の姿を取り戻したのである(第3章扉写真参照)。〇〇富士と呼ばれるような美しい火山も、長い時の流れの中では岩なだれを経験するであろう。

6　火山ガスに注意を

火山の噴火で放出されるものは、目に見える物質だけではない。無色透明の火山ガスも、火山災害を引き起こす要因の一つである。マグマの中にはさまざまな種類のガスが含まれている。火山から放出される代表的なガスとして、二酸化炭素・二酸化硫黄・硫化水素について見てみよう。

意外に有害な二酸化炭素

一九九七年に青森県・八甲田《はっこうだ》山で火山ガスの事故が起きたことがある。山麓のなだらかな丘陵地で陸上自衛隊の訓練が行われていたのだが、窪地に入った一人の隊員が突然倒れた。それを目撃して助けに行った隊員二人もバタバタと倒れ、三人とも死亡してしまったのである。澄み切った青空のおだやかな日であり、彼らには一体何が起きたのかまったく分からなかった。

八甲田山は日本有数の活火山である。しかし、その日は火山性の地震が起きることもなく、山はとても静かであった。つまり火山活動として地下では何も確認されなかった。

実は、隊員たちを死に至らしめたのは、二酸化炭素である。二酸化炭素は空気よりも重いので、深さ四メートルほどの窪地の底に溜《た》まっていたのだ。事故が起きた日は無風状態であり、底にはかなりの高濃度の二酸化炭素が淀《よど》んでいたと考えられる。

大気中には〇・〇三パーセントほどの二酸化炭素が含まれている。日常的に炭酸飲料にも使われている無色透明かつ無臭の気体であり、危険であるとはあまり知られていない。

しかし、吸い込む空気の二酸化炭素濃度が五パーセントを超えると、人体にとっては有害なのである。頭が痛くなったり吐き気を催《もよお》した後には、しだいに神経機能に異常をきたしはじめ意識不明にもなる。二酸化炭素は中毒を引き起こすのだ。

さらに吸い込む濃度が一〇パーセントを超えると、生命の危険が生じる。呼吸低下や反射能力喪失をきたし、昏睡《こんすい》に至る。これが数時間に及ぶと、人によっては死亡する。高濃度の二酸化炭素はたいへんに危険なのである。

たとえば、閉めきった自動車の中にドライアイスを放置して、中にいた子どもが死亡した例もある。無味無臭であるために最初は何が原因か分からないことも多い。二酸化炭素自体は有毒ガスではないのだが、量が増えた場合には有害ガスにもなりうるのである。

マグマにはふつう、一パーセントを下まわる程度の二酸化炭素が溶けこんでいる。マグマには揮発性《きはっせい》成分として水が四〜五パーセントほど溶けている話をした(2節参照)が、二酸化炭素も揮発性成分の一つなのである。

マグマが上昇して地上で噴火する際には、二酸化炭素も放出される。たとえば、地下から盛んに水蒸気が立ちのぼっている噴気地帯では、マグマに由来する二酸化炭素が出ていることが確かめられている。

二酸化炭素は火口から直接出てくるだけでなく、火山の周辺に浸《し》みだしていることもある。火山の山麓では、地表のあちこちから低濃度の二酸化炭素が出ていることが観測されている。先の八甲田山の場合では、窪地の中にこの二酸化炭素が滞留《たいりゅう》していたのである。事故の後、火山学者が二酸化炭素を測定したところ、この窪地を含むあちこちの場所からかなり濃度の高い二酸化炭素が出ていることが確認された。

地球温暖化の元凶ともされるせいか、二酸化炭素は上空を漂っていると思っている人が多い。たしかに二酸化炭素はわずかの風によって、すぐに拡散する。二酸化炭素中毒事故が起きるのは、完全な無風状態の場合に限られる。

したがって、火山地域で風がまったくないときには、火山ガスへの注意が必要なのである。よく晴れて風のない日には、火山麓にあるこのような窪地には入らない方が安全だ。

ニオス湖の不思議な事件

かつて火口から大量の二酸化炭素が流れ出して、大きな被害となったことがある。一九八六年にアフリカ西海岸のカメルーンにあるニオス湖で、一七〇〇人以上の犠牲者が出た（図１－20）。ニオス湖は山頂にできた火口湖であるが、突然ここから二酸化炭素が噴き出して、麓《ふもと》まで流れ下ったのだ。

途中にいた人と家畜がバタバタと倒れたのだが、地元の人たちには何が起きたのかまったく分からなかった。一見すると人と家畜には何の傷害も認められなかったからである。

事故から時間がたってから火山学者が到着し、高濃度の二酸化炭素がもたらした被害であることがやっと判明した。もともとニオス火山のマグマは二酸化炭素を多く含んでおり、長いあいだに火口湖の水に溶け込んでいたのだ。ニオス湖の湖底で小規模な噴火が起き、湖水がかき回された結果、溶けていた二酸化炭素がガスとなって大量に火口からあふれ出した。

つまり、二酸化炭素は、湖の下の方で圧力をかけられていたときには、水中に大量に溶け込んでいた。それが上に移動して圧力が下がると、一気にガスとなって遊離したのである。

その後、ニオス湖では事故が再発しないための対策を講じることとなった。水に溶けている二酸化炭素の濃度があまり上がらないように、ときどき湖水をかき回して強制的に二酸化炭素を出してしまおうというのである。このプロジェクトには日本の火山専門家も参加し、効果を収めている。

図 1-20　ニオス湖で噴き出た二酸化炭素によって死んだ家畜．(平林順一氏撮影)

刺激臭をもつ二酸化硫黄と硫化水素

二酸化硫黄《いおう》は亜硫酸ガスとも呼ばれる臭気の強いガスで、二酸化炭素よりもはるかに危険な火山ガスである。二酸化硫黄も揮発性成分の一つであり、マグマに溶けている。無色透明なのだが、鼻やのどをつく強い臭いがする。

日本には二酸化硫黄を噴出している火山がたくさんある。知床硫黄山、九重硫黄山（本章扉写真）など、硫黄山という地名に残されていることも多い。このような場所の火口からは、噴気として二酸化硫黄を含む火山ガスが常時出ている。

勢いよく噴気が噴き出している場所では、あまり長く滞在しない方がよい（図1－21）。風がないときには、高濃度の二酸化硫黄が谷や窪地に溜《た》まっていることがある。「無風時には速《すみ》やかに谷を通過せよ」と代々の山男たちに語り継がれている火山も多い。

図 1-21 阿蘇中岳山頂に掲げられた二酸化硫黄のガスに対する警告版.

二酸化硫黄と親戚関係にある火山ガスに、硫化水素がある。二酸化硫黄は化学式で書くと SO_2 だが、硫化水素は H_2S と記される（S＝硫黄、O＝酸素、H＝水素）。硫化水素が空気中で燃えると（すなわち酸化すると）二酸化硫黄となる。硫化水素も二酸化硫黄と同じくきわめて有毒で、刺激のある臭気、とくに腐卵臭をもつ。

一九九七年、福島県・安達太良《あだたら》山の沼ノ平《ぬまのだいら》火口を歩いていた登山客四名が火山ガスで死亡した。ここは周囲を高い崖で囲まれた凹地にある。この日は風がなく、高濃度の硫化水素が標高の低い部分に淀んでいたものと考えられている。

近年、火山ガス災害が話題になっているのは、伊豆七島にある三宅島である。ここでは二〇〇〇年六月に噴火が始まり、七月には山頂に大きな火口ができた。直径が一・六キロメートルを超えるようなカルデラといってもよいような大きな陥没地形だ。

八月中旬からこの大火口から大量の二酸化硫黄が出はじめて、九月には全島民が島外へ避難する事態となった。二〇〇五年二月に避難勧告が解除され、やっと帰島できるようになった。四年半もの長いあいだ島民の帰島を阻んだのは、二酸化硫黄ガスである。

ガスの最盛期には、一日に六万トンの二酸化硫黄が放出されていた。そのあと徐々に放出量が下がっていったが、現在でも数千トンの二酸化硫黄が出る日がある。

二酸化硫黄の被害は、二酸化炭素よりも直接的である。二酸化硫黄は喘息《ぜんそく》発作を起こすなど、ただちに人体へ悪影響を与える。高い濃度のガス放出が観測される日には、戸外での作業は控えなければならない。

島内の東と南西の地域では、風向きと地形の条件から高濃度の二酸化硫黄が流れ込むため、立ち入り規制はまだ解除されていない。高濃度地区には人が住むことが禁止され、立ち入りも一日四時間以内と制限されている。

二酸化硫黄は三宅島の地下のマグマだまりから放出されたものである。噴火自体はピークを過ぎたと判断されたために帰島が可能になったのだが、火山活動の終息時期は予測できてはいない。地下に存在する膨大な量のマグマからガスが抜け終わるまで、二酸化硫黄の放出は続くと考えられている。

火山学者は、三宅島の噴火活動の終息時期を何とか予測しようと試みている。あと何年くらい続くと定量的に予想するためには、火山ガスを放出するメカニズムを知る必要がある。三宅島地下のマグマだまりの上には、マグマの通路である火道がある（2節参照）。ここでマグマがゆっくりと対流しながら、ガスを放出しているようなのだ。

鹿児島県の薩摩硫黄島《さつまいおうじま》は現在、二酸化硫黄を盛んに出している活火山なのだが、時代をさかのぼれば「万葉集」にも盛んにガスを噴き出していたという記述がある。薩摩硫黄島では、三宅島と同様に火道内をマグマが対流することによって、一〇〇〇年以上もの長いあいだガスを放出していると考えられている。

三宅島のマグマだまりは島の直下だけにあるのではなく、西方にある式根島《しきねじま》の方向まで伸びている。つまり、岩脈《がんみゃく》と呼ばれる板状のマグマの通路が、海の下でずっと続いているのだ。

この結果、三宅島で起きている火山ガス放出には、周辺の海底に広がっているマグマの全部が関与しているらしい。このような地下のメカニズムを理解して、放出される火山ガスの量を推定しようと試みられている。

もし何らかの原因で火道が塞《ふさ》がるようなことが起きれば、ガスの放出が止む可能性がある。通路が閉じてしまうチョーキング(choking)と呼ばれる現象だ。しかし、三宅島ではそのような徴候は見られないため、二酸化硫黄放出の終息までには、まだ数年を超えるような長い年月がかかるのではないかと見られている。

気候変化をもたらす火山ガス

火山の噴火は、長期的な気象に影響を及ぼすことがある。大噴火が起きた場合に、しばしば異常気象が引き起こされるのである。

地上に出たマグマは、周囲の空気を暖める。その結果、軽くなった噴煙柱が柱のように立ちのぼる。この中には火山ガスとして二酸化硫黄と二酸化炭素が含まれている。

プリニー式噴火(第2章1節参照)と呼ばれる大噴火が始まると、噴煙柱は高度三〇キロメートルほど上空まで達する。上空にもち上げられた火山灰は、対流圏(雲ができるまでの高さ)を突きぬけ、高度約一一キロメートル以上の成層圏(対流圏の上)に突入する。

ある高度まで達した噴煙柱は、横へ広がりはじめる。水平方向に伸びた火山灰を含む雲を、「噴煙の傘《かさ》」という。一九九一年のフィリピン・ピナトゥボ火山の噴火では、この傘の広がりが気象衛星「ひまわり」の写真でとらえられた。噴煙柱が成層圏へ突きぬけて広がるようすが、時間を追いながら撮影されたのだ。

北半球中緯度の成層圏では、どこでも強い西風（偏西風《へんせい》という）が吹いている。上空に達した火山灰は偏西風に乗って東方へ流される。たとえば、富士山がこのタイプの噴火をすると、細かい火山灰の多くは京浜地帯を含む関東地方南部へ飛散してゆく。

さらに、火山灰とともに放出された火山ガスが、全地球規模の異常気象をもたらす可能性がある。成層圏に達した噴煙に含まれている二酸化硫黄は、大気中の水と反応して微細な硫酸ミストとなる。

硫酸ミストとは、直径一ミクロン以下の非常に細かい硫酸のしずくである。大きな噴火が起きると、火山灰の微粒子と硫酸ミストが空中を浮遊する。これらは合わせて、エアロゾル（aerosol）と呼ばれている。これらが成層圏の全体に拡散し、地球を回りだす。エアロゾルは太陽光エネルギーを吸収するので、対流圏や地表の温度低下を招く。これが異常気象となるのである。

かつて大規模な火山噴火が、地球全体の気候変動をもたらした記録がある。歴史を振り返ってみると、一八世紀のアイスランド・ラカギガル火山の噴火は、江戸時代（天明年間）の日本の気温低下の原因となった。

二〇世紀では、一九八二年のメキシコ・エルチチョン火山が大噴火したあとにも異常気象が観測された。低緯度の貿易風（こちらは東風）に乗って、大量のエアロゾルが西へ流れていったのだ。三週間ほど後には地球を一周し、世界中でエアロゾルが観測された。

この噴火の後には、北半球の平均気温が〇・五度ほど下がったと報告されている。このように火山ガスは気候変化をもたらす重要な要因として、近年研究が盛んに行われるようになってきた。

宮内庁で磐梯山噴火の写真を発見

日本の近代が経験した最大の火山災害は、明治時代に起きた磐梯《ばんだい》山の噴火によるものである。まわりの集落では大きな被害が生じ、総数四七七人の犠牲者が出た。

二〇〇三年の中央防災会議に、「災害教訓の継承に関する専門調査会」が設置された。私は「一八八八年磐梯山噴火分科会」委員の一人として、宮内庁に所蔵されている磐梯山の噴火記録の調査を行う機会を得た。

たいへん驚いたことに、噴火関連の写真が約一〇〇年ぶりで宮内庁の書庫から見つかった。当時の侍従が天皇陛下にお見せしたと思われる革張りの記録貼の中に、噴火災害の写真が数多くあったのである。

当時はテレビもなかったので、地元の自治体が被害状況を明治天皇に報告するために、写真に記録していたと思われる。中には東京帝国大学の地震学教授が撮った写真も含まれていた。写真を見た瞬間、岩なだれにともなう爆風の被害にちがいないと私は直感した。木が一方向になぎ倒されており、枝や葉がむしり取られている。民家の屋根が押しつぶされた写真もあった(図1－22)。岩なだれが引き起こした堆積物も写っている。そこで宮内庁の係官に「これは明らかに火山噴火による災害を写したものです」と述べた。

図1-22　磐梯山の山体崩壊によって生じた爆風と岩なだれの襲った旧・渋谷村(現・福島県耶麻郡猪苗代町渋谷)の被災写真．馬蹄形火口の南東約3 kmの地点にあった．なぎたおされた立木と屋根の押しつぶされた民家が写されており，左から右へ爆風(ブラスト)が通過したようすが読みとれる．また，枝と葉は落とされており，屋根には火山灰が積もっている．左前方には岩なだれによる堆積物が残っている．(宮内庁書陵部所蔵)

これらのようすは、一九八〇年にセントヘレンズ火山で発生した噴火直後の状況とよく似ていた。磐梯山でも、明らかに岩なだれが非常に強い爆風を起こしたのである。

撮影された場所から判断すると、岩なだれが発生した山頂の北側とは反対側の南の地域にも危険が及んでいたことがわかる。この状況もセントヘレンズ火山とまったく同じであった。

発見された写真は、噴火からそれほど時間をおかずに撮影された貴重なものである。くわしく分析することで、噴火の規模や災害範囲の推定が可能となる。第4章で述べるハザードマップの基礎データとしても、たいへん大事な資料となるのだ。

これらの写真は、のちに内閣府から『一八八八年磐梯山噴火分科会報告書』として公表された。

現在、裏磐梯地域は、磐梯朝日国立公園に指定されている。ここには五色沼などの美しい湖がたくさんあり、毎年多くの観光客が訪れる。湖沼群ができたのは、何本かの川が岩なだれによってせき止められたからである。日本有数の美しい景勝地は、実は大噴火のなごりだったのだ。

火山の災害と恵みは、表と裏の関係にある。何百年おきにくり返される噴火の被害をこうむった後には、美しい地形や温泉を長いあいだ楽しむことができる。

日本には磐梯山のような大噴火を起こす危険な火山がたくさんある。火山によってそれぞれ異なる災害の性格をよく理解し、噴火が起きる前に十分な準備をしておく必要がある。

第2章
噴火のタイプとその特徴

ハワイ・キラウエア火山の溶岩噴泉と火口から流れ出した溶岩流.（J. D. Griggs 氏撮影，提供：US Geological Survey）

これまで火山で起きる個々の噴火現象について述べてきた。噴火を部分に分けて一つずつパーツを見てきたのである。一方、実際の火山では、いくつかの現象が組み合わさって起きることが多い。

このような複合的な一連の噴火現象のことを、火山学では「噴火のタイプ」と言う。噴火の様式と呼ばれることもある。複数の現象をひとまとめにくくったほうが、さまざまに変化してゆく現実の噴火現象を把握しやすいからだ。

噴火のタイプにはいろいろあるのだが、まずマグマが関与する代表的な四種類を知ってもらおう。いずれも私たち日本人が身近に経験する可能性の高いものだ。本章では、これらのタイプごとに「どのように噴火が推移してゆくか」について解説してみよう。

四つのタイプには、噴火を起こす代表的な火山名や人名などの固有名詞が用いられる。プリニー式、ハワイ式というふうに「〇〇式噴火」と書かれるのだ。

簡単なイメージとしては、噴煙の巨大な柱が立つプリニー式、火山弾を勢いよく飛ばすブルカノ式、大量の溶岩を流すハワイ式、噴水のようにマグマを噴き上げるストロンボリ式、といったものである。このようにグループ分けしておけば、噴火の理解が一段と容易になる。

1 噴煙柱が立ちのぼるプリニー式噴火

プリニーとは、古代ローマの博物学者プリニウス(西暦二三〜七九年)の英語読みである(図2-1)。西暦七九年、イタリア中部にあるヴェスヴィオ山が大爆発を起こした。古代都市のポンペイをほとんど一夜にして埋めてしまった事件として有名になったものだ。

当時、ローマ海軍の提督であったプリニウスは、ナポリ湾をはさんでポンペイの対岸にあるミセヌムに滞在していた。ヴェスヴィオ山から西に二五キロメートルほどの距離にある。ここで彼はヴェスヴィオ山が大噴火を起こす始まりから見ていたのである。

図 2-1　ローマ時代の博物学者プリニウスの肖像.

彼はポンペイとその隣のエルコラーノが火山から噴き出た噴煙に巻かれてゆくのを対岸から見て、救援に駆けつけることを決意した。自らの艦隊を引き連れて、ナポリ湾を東へ向かったのだ。

折悪しく彼らは、海上に流れ込んできた噴煙に行く手を阻まれた。周囲は真っ暗になり、それ以上進むことが困難になった。艦隊は進路を南に変更し、ナポリ湾の南東にあるスタビアエへ上陸することを企てた。

しかし、上陸したプリニウスたちを待っていたのは、高濃度の有毒な火山ガスと火砕流《かさいりゅう》であった。彼らはたちまち煙に巻かれてしまい、バタバタと倒れてしまったのだ。そしてプリニウスも帰らぬ人となった。

プリニウスは当代きっての科学者で、彼の代表作『博物誌』全三六巻の中には火山の記述も多く見られる。その彼にとっても、ヴェスヴィオ山の噴火はまったくの予想外の事であったのだ。結果として、プリニウスの率いる艦隊はポンペイ市民の救助に駆けつけることはできなかった。

これらの一部始終を見ていた人物がいる。艦隊の出発港に残っていたプリニウスの甥である。彼はこの事件を、歴史家タキトゥスにあてた書簡二通にくわしく書き残した。これらの事績にちなみ、提督のプリニウスの名前をとって西暦七九年にヴェスヴィオ火山で起きたタイプの噴火を、「プリニー式噴火」と呼ぶようになったのである。後世、叔父のプリニウスは大プリニウス、甥のプリニウスは小プリニウスと呼ばれている。

噴煙柱の立ち上げと崩壊

プリニー式噴火では、最初に火口から大量の火山灰と軽石が噴出し、上空へ勢いよく立ちのぼるという特徴がある（図１－11参照）。この現象には、マグマが地上に出る前、火道を上がる途中のある現象が関わっている。すなわち、地下を上へ移動する途中のマグマが、火道の途中で発泡しはじめるのだ。

泡立ったマグマからは、軽石が大量に生産される。軽石はさらに細かく砕かれて、火山灰となる。このような軽石と火山灰の集合体が、地下で一気に火道の上部を火口に向けて駆け上がるのだ。

また、軽石と火山灰のほかにも、火道を削ってきた岩石のかけら（岩片《がんぺん》という）も含まれる。もともとマグマに含まれていた火山ガスも、いっしょに駆け上がる。

プリニー式噴火は非常に爆発力が強く、地下を上昇するマグマがたいへん大きな運動エネルギーをもっている。そのために軽石、火山灰、岩片、火山ガスの四者が、火口から勢いよく出るのだ。

火口からジェットのように噴き出した物質は、一団となって今度は空高くのぼってゆく。噴《ふん》煙柱《えんちゅう》の形成である。この最中に、噴煙柱自体は膨張しながら高度三〇～五〇キロメートルまで上がり、対流圏を突きぬけて成層圏にまで達する。プリニー式ではこのような高い噴煙柱が最初に立ちのぼるのが、第一の特徴なのである（図２－２）。

噴煙柱を発生させる原動力にはいくつかある。マグマの中に含まれた水が泡立って体積を大

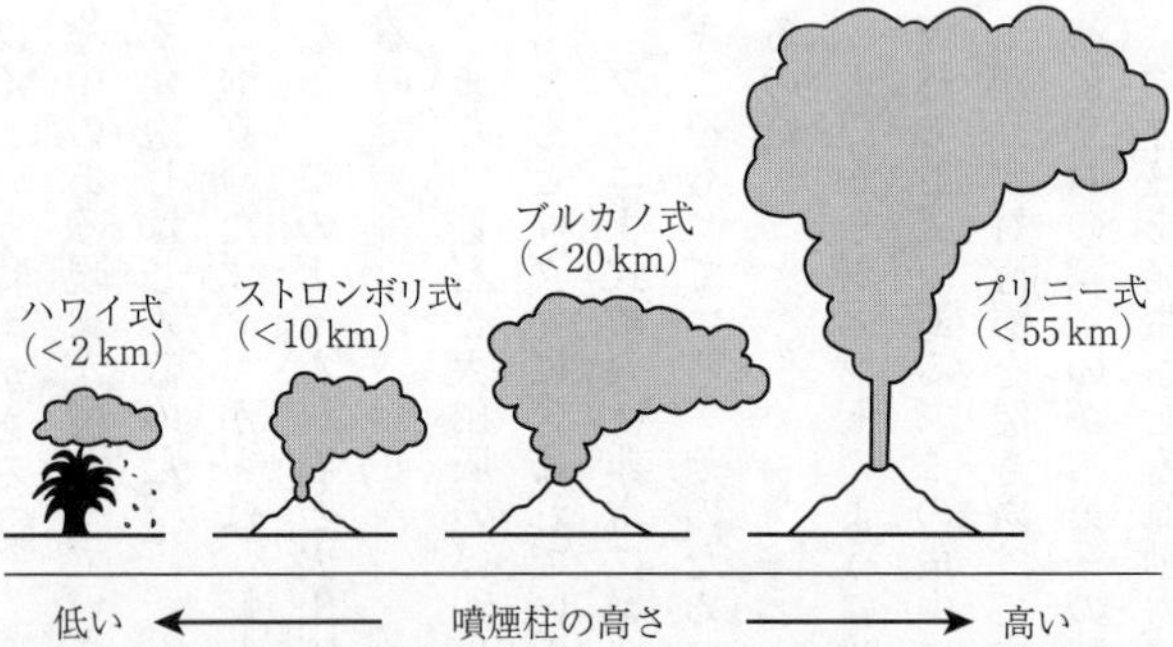

図 2-2　噴煙柱の高さで噴火のタイプが大まかに分類できる.（G. P. L. ウォーカー氏による）

幅に増やす力が第一に挙げられるが、それだけではない。マグマが火道から押し出される上向きの噴出力も、噴煙柱の上昇には寄与している。

おおざっぱに言うと、上向きの初速を生じる力のうち、おおよそ九割はマグマが発泡する力である。残りの一割はマグマが上に流出しようとする力といってもよい。

初速を得た軽石と火山灰は、上空に達するにつれてエネルギーを失ってゆく。物理の言葉で言えば、運動エネルギーを失うのだ。同時に、最初は熱かった軽石と火山灰のもっていた熱エネルギーも減ってゆく。

つまり、地球の引力に対抗して上空へ上がるほどに、位置エネルギーを獲得しながら、運動エネルギーと熱エネルギーの両方を消耗するのである。これによって、次第に上昇速度が遅くなり、ついに止まってしまうのだ。

上昇気流の発生

火口を出てからあと、軽石と火山灰が上昇する力がもう一つある。火口から噴き出た直後の軽石は高温で熱をもっているのだが、この熱がまわりの空気を暖め、暖められた空気は軽くなり上のほうへと移動する。

軽石と火山灰は、この周囲の軽くなった空気をともないながら、一緒に上昇しはじめるのである。すなわち、熱による巨大な上昇気流が生じるのだ。ちょうど真夏に、太陽に照らされた地面の熱を受けて、入道雲が立ちのぼるのと同じ原理である。

噴煙柱を立ちのぼらせる原動力としては、実は取り込まれた空気が熱によって膨張する力が一番大きい。この上昇気流とともに、火山灰が空たかく舞い上げられる。要するに、噴煙柱はあらゆる手段を我がものにして、すさまじいエネルギーで立ちのぼってゆくのである。

上昇力を使い果たした高さで、噴煙柱は停止する。もはや軽石と火山灰は浮力を失って、さらに上方にはのぼっていくことができない。すなわち、噴煙の密度と大気の密度がつり合う高さ以上には、上昇できないのだ。こうして、噴煙柱の最高高度が決まる。

上空で空気を取り込んだ噴煙柱は、気圧の低下に従ってさらに膨張する。そして噴煙柱が限界高度に達すると、今度は噴煙は横へ広がってゆく。一九九一年のフィリピン・ピナトゥボ火山の噴火では、横へ丸く広がりつつある噴煙柱が、人工衛星の画像で撮影された。大量の物質が上空に巻き上げられる大噴火では、噴煙柱の上部が巨大な笠《かさ》のように横へ拡大するのである。

以上が、プリニー式噴火で起きる前半の現象である。その後半は、上空を漂《ただよ》っている大量の軽石と火山灰が、一気に落下する話である。大量に落下が始まるので「噴煙柱の崩壊」と名づけられた現象だ。

噴煙柱の崩壊と火砕流の発生

噴煙柱が上空で持ちこたえられなくなると、軽石や火山灰はなだれのように一気に落ちはじめる。噴煙柱の崩壊である。落下した軽石と火山灰は一緒になったまま、火口から四方八方に向けて流れ出す。高温を保ったまま、火山体の斜面を水平方向に高速で流下する。すなわち火砕流の発生である。

火砕流とは、固体と気体が混じり合いながらも、一団となってきわめてスムーズに流れる現象である（第1章4節、図1－15参照）。固体というのは、軽石と火山灰、それに岩片である。気体というのは、軽石の表面から徐々に出ている火山ガスである。このほかにも、周囲の空気を取り込んで気体の総量は増えてゆく。この結果、固体と気体の混じった高温の火砕流が、四方八方へ高速で流れ下るのだ。

火砕流の流れたあとには、軽石や岩片や火山灰が堆積物《たいせきぶつ》として残される。気体の成分や細かい火山灰はあまり残らずに、遠くまで流れてゆく。つまり、火砕流として流れたものには、遠方まで運ばれる物質と、途中で留まるものとがある。

簡単に言うと、流れている最中に地面との摩擦によって動けなくなったものが堆積物として残される。その結果、火砕流の堆積物は、低地や谷を埋め尽くすくらい大量の物質を残すのである。

火砕流堆積物は、切り立った崖などで観察することができる。河川などの浸食によって生じた崖は、露頭《ろとう》と呼ばれる。火砕流堆積物の露頭では、軽石と火山灰が見事によく混ざっているのが観察される。サラサラの火山灰の中に、軽石と岩片がところどころに浮いたように取り込まれているのだ。これが火砕流の置いていった堆積物の典型的な姿である。

火砕流が流走するときには、中に含まれている軽石や岩片は激しく衝突する。そのため比較的軟らかい軽石はしだいに摩耗されて、丸くなってゆく。ちょうど石臼《いしうす》で粗挽《あらび》きしたように軽石の角がとれるのだ。削られた粒子は、細かい火山灰となる。火砕流の中に含まれる大量の火山灰は、このようにして流れる途中で生みだされるのである。

この結果、火砕流の中を流れてきた軽石にはある特徴がある。空から降ってきた軽石(降下軽石)と比べると、ずっと丸くなっているのだ。両者を比べてみるとよく分かる。降下軽石の大部分は、平面で囲まれた多面体の形をして角ばっている(図2－3)。これは割れた破面を示している。すなわち、軽石が火道や空中で冷えながら割れたものが、そのまま空から降ってき

図2-3　表面の角張ったスコリア(黒い軽石)が積もった露頭.(富士山東麓の太郎坊)

たからである。

火口の近くにある堆積物

噴煙柱から一気に崩落した軽石や火山灰や岩片は、それぞれ堆積の仕方が異なる。火口の近くに積もるものと、火口の周囲から遠くまで運ばれるものとがあるのだ。

火口近くに落ちるものには、大きな岩片が多い。火砕流として遠くまで流れることができなかった物質である。岩片というよりも火山岩塊と呼んだ方がふさわしく、粒径が大きく密度が高いものも多い。大規模な火砕流の場合には、直径五メートルを超すような巨大な岩塊が火口の周辺にゴツゴツと積もっている(図2-4)。

これらは火山学では「ラグ・ブレッチア(lag breccia)」と呼ばれている。「ラグ」とはタイムラグという言葉から分かるように「遅れた」「取り残された」という意味である。「ブレッチア」とは角礫岩《かくれきがん》の英語の専門用語だ。露頭では、岩塊と岩塊の間に砕かれた軽石が入っていることから、噴煙柱の崩壊によってもたらされたものであることが分かる。火砕流に置いてきぼりにされて、火口のまわりにとり残された岩塊なのである。

噴煙柱の消長

大噴火の際には、噴煙柱は何十時間も継続して立ちのぼる。一九九一年に噴火したフィリピン・ピナトゥボ火山の場合には、半日以上も噴煙柱が立ちのぼったあとに、大規模な火砕流が発生した。噴煙柱が崩壊し、火口の周囲二〇キロメートルまで火砕流が到達した。

図 2-4 カルデラ壁に見られる全面露頭．ラグ・ブレッチアが積もっている．人の大きさに注目．アメリカ西部のオレゴン州にあるクレーターレーク．

一九八〇年に噴火したセントヘレンズ火山では、噴煙柱が九時間立ちのぼった(図1-11参照)。ここでは噴煙柱の崩壊は起きずに、軽石と火山灰だけが降りつづいた。火砕流を出すかわりに軽石の降下と火山灰の落下という現象だけが起きたのである。上空に運ばれた軽石と火山灰は、そののち偏西風に流されて遠くまで運ばれた。

噴煙柱は条件によって崩壊したり崩壊しなかったりする。崩壊すれば火砕流となり、崩壊しなければ降下《こうか》火《か》砕物《さいぶつ》として降り積もるのである。

降下火砕物とは、上空に巻き上げられた軽石や火山灰が、自分の重みによってバラバラと落ちてきたものを言う。なお、降下火砕物とは降ってきたものの総称だが、その中でも軽石は降下軽石、火山灰は降下火山灰と分けて呼ばれることもある。

ところで、噴煙柱は一定の高さに立ちのぼったままでなく、時間とともに上がる高度が変化する。立ちのぼったり止んだり、という現象をしばしば繰り返すのだ。また、噴煙柱が一度崩壊したあとで、ふたたび勢いをもりかえすことがある。地下からのマグマの供給量によって、噴煙柱の高度が上昇したり下降したりするのである。

このような変化は、過去の噴火についても、地上に残された堆積物から読みとることができる。露頭をくわしく観察すると、堆積物の表面には横に筋がついていて、粗い層と細かい層があるのが分かる。これらの境に注意しながら観察していくと、堆積物の中に火砕流と降下火砕物の二つがあることに気づく。火砕流の残した厚い堆積物の間に、降下火砕物の薄い層がはさまっているのである。

火砕流と降下火砕物が交互に積み重なるのは、噴煙柱がいつも一定に立ちのぼっていたのではないことを示している。すなわち、噴煙柱が崩壊して火砕流が流れた時期と、噴煙柱が立ったまま降下火砕物として風に流されたものだけが降り積もる時期、の二つがあったのだ。露頭の細かい観察から、噴煙柱が立ち上がったり崩れたりしたタイミングを推定できるのである。

プリニー式噴火で上空に巻き上げられた火山灰や軽石は、上空を吹いている風に乗って何百キロメートルも風下へ運ばれる。この結果、プリニー式噴火は、広範囲に多様な堆積物を残すことになる。火口から噴き出る物質の量や、噴火が継続した時間の違い、さらには上空を吹く風向きや風の強さによって、さまざまな変化が生じるのだ。

逆に私たち火山学者は、残された堆積物から、過去に起きた噴火現象を推理する。地質学の手法によって堆積物をくわしく観察し、噴火のモデルを立ててゆくのだ。この結果、何千年も前に起きたプリニー式噴火の姿が、しだいに明らかとなってきたのである。

2　爆発的なブルカノ式噴火

ブルカノ式噴火とは、爆発的に岩石や火山灰を飛ばす噴火である。日本では桜島や浅間山でよく見られる噴火のタイプである。桜島では一九五五年にブルカノ式噴火が始まり、頻繁に火山灰を降り積もらせてきた。浅間山では十数年に一回ほどブルカノ式噴火が起き、岩石と火山灰を放出している。なお、「ブルカノ」とは、イタリア半島の西にあるエオリア諸島の島の名前である。かつてこの様式の噴火を盛んにしてきたことで命名された。

ブルカノ式噴火では、爆発的に噴き出る高圧のガスが、火口底にある岩石を吹き飛ばすという特徴をもつ。そのため、火口からの水平距離にして約四キロメートル程度まで、大きさ数センチメートルほどの石が飛んでくる。

火口の近く数十メートルの距離では、一メートルを超える大きさの巨大な岩が激突している(図2-5)。これに当たれば即死はまぬがれず、小石でも高速で飛んでくるため、当たり所が悪ければ致命傷を負う場合もある。ブルカノ式噴火は、実は大変危険な噴火である。

図2-5　イタリア，ブルカノ島の火口近くに着地した火山弾.

岩石とともに、高温のガスと火山灰も同時に噴出することが多い。ブルカノ式噴火が始まると、火口から暗灰色の噴煙がモクモクと立ちのぼる(図2-6)。噴煙は周囲にある空気を暖めつつ上昇し、数キロメートルの高さまで達することもある。

火口から立ちのぼった噴煙は、風に乗って横へとたなびいてゆく。暗灰色の噴煙の中には、たいてい細かい火山灰が入っている。火口から火山灰が出ているかどうかは、水平にたなびいている噴煙をよく見ると判断できる。遠くまでたなびく噴煙の下方がうっすらと灰色になり、火山灰が降りつつあるさまがおぼろげながら分かる。

図 2-6　桜島火山でブルカノ式噴火が始まった直後の火山灰を含んだ噴煙.（2003 年 1 月に井村隆介氏撮影）

岩石が短い時間に一気に放出されるのに対して、火山灰の噴出は比較的長い時間つづくことが多い。噴煙が頭上にやってくると、火山灰がパラパラと降ってくることがある。火山灰粒子の大きさは砂粒よりも小さいものが多い。

衝撃波と空振

ブルカノ式噴火は、粘りけ(粘性)の高いマグマからなる火山で起きることが多い。安山岩がその代表であり、日本には安山岩の火山が多いのでブルカノ式噴火がよく見られるのである。

粘りけがあるマグマは流れにくいために、ガスはマグマの中に閉じ込められて圧力が非常に高くなる。周囲の岩石を壊すほどの力にまでガスの圧力が高まると、高圧のガスを一気に放出するのである。

この結果、爆発によって火道の上部に穴が開き、ガスとともに岩石と火山灰が勢いよく噴出される。ブルカノ式噴火の開始である。

火口から高速で噴出するガスは、衝撃波《しょうげきは》を発生させることがある。衝撃波とは、急激な圧力の変化が、音速を超える速さで伝わったときに起きる現象である。航空機が超音速で飛んだ場合にも、しばしば衝撃波が出る。

噴火によって衝撃波が発生する場合には、ガスの突出は火山を離れて遠くにまで力を及ぼす。地面は揺れていないのに、窓ガラスや戸だけが急にガタガタと鳴り出すのである。はじめて体験すると誰でも非常に驚きを覚えるものだ。強い場合には、火山の方角に面している窓ガラスが割れたりする。

火山が爆発を起こす際には、空振《くうしん》と呼ばれる現象が起きる。いろいろな周波数で空気が振動するのだが、耳で聞こえる周波数の部分が爆発音として伝わる。空振は何百キロメートル先でも観測されることがある。

噴石と火山弾

さて、火口底には、火口の縁から崩落した岩石が詰まっている。これらの岩石は、下から上がってくるガスによって高温に熱せられている。そのため、真っ赤に焼けて光っている火口底が、上空を飛ぶヘリコプターなどから観察される。ブルカノ式噴火が始まると、この赤熱した岩石が最初に飛んでくるのである。

このような岩石は、昼間は黒く見えるが、夜間には真っ赤に光って見える。温度はゆうに七〇〇度を超えている。赤熱した岩石が、放物線を描いて火口から飛び出してくるのだ（口絵カラー写真③にも見えている）。

これらが山の麓《ふもと》に着弾すると、バラバラになって転がり落ちる。夜間にブルカノ式噴火が起きると、岩石が砕けながら真っ赤に飛び散るさまが見られる。砕けた瞬間に、内部の高温部分が露出するのである。二〇〇四年九月に起きた浅間山の夜の噴火では、赤い見事な映像が全国に向けてテレビ放映された。

このように火口から直接飛んでくる岩は、噴石《ふんせき》もしくは火山弾《かざんだん》と呼ばれている。噴石と火山弾は似たような言葉なのだが、ニュアンスが少し異なっている。

噴石という用語は、固結した岩石が噴火によって飛んでくることから、昔から使われてきた。この一方で、飛んでくる岩石の大部分は赤熱しており、内部が溶けた状態のものもある。そのようなものは、地面に着地してからべったりとへばりついた形をする（図2－7）。これらは高温のマグマがそのまま飛んできたという意味で、火山弾と呼ばれることが多い。

噴石と火山弾は、いずれも火口から放物線を描いて飛んでくるという点では、物理的に同じ

図 2-7　伊豆大島の 1986 年の噴火で着地した火山弾．ハンマーの柄の長さは 35 cm.

動きをする。類似の現象に対して二つの名前が付いているのは、時には混乱を招くこともあるが、噴石も火山弾もイメージしやすいので両方とも用いられてきたのである。

なお、火山弾にはさまざまな形の変化がある。飛んでいる最中に高温で軟らかい状態を保っていた火山弾は、飛んでいる途中で空気抵抗を受けて、外側が変形する。この結果、リボン状、紡錘《ぼうすい》状などと名前の付けられた火山弾が落ちていることもある。

また、地面に着地してできた形から、牛糞《ぎゅうふん》状火山弾というおもしろい名前の火山弾もある。さらに、内部がふくれて表面に平らな皮をもつパン皮《がわ》状火山弾もある。ブルカノ式噴火でよく飛んでくるのは、このパン皮状火山弾である。

ブルカノ式噴火では、ガスの爆発力が岩石を砕いて細かい火山灰を生みだす。顕微鏡で火山灰を観察すると、いろいろな物質が含まれていることが分かる。

火山灰の多くは、火道を上がってきたマグマが急に冷やされたものからなる。このような粒子は、ガラスのように比較的透明度の高い破片である。

そのほかに、火口底にあった古い溶岩が細かく砕かれた破片も含まれる。この粒子は、先ほどのガラス質の火山灰に比べると不透明である。時には、熱やガスによって変質した溶岩のかけらも残っている。

突然始まる爆発的噴火

ブルカノ式噴火が始まると、数十分か数時間おきくらいの間隔で、噴石や火山弾とともに火山灰を噴出する。このような噴火が数日程度つづくと小休止する。数週間から数カ月くらい噴火が止むのだ。それから再び活動を開始し、同じような噴火を繰り返す。桜島では、このようなことを一年に何百回と起こしてきた。また浅間山でも、数十年ごとにこのような噴火を行ってきた。

一般に、ブルカノ式噴火の規模はそれほど大きいものではない。噴煙の高さもさほど高くはない。しかし、突然爆発的な噴火が始まることがよくあり、事前の予測ができないために危険な噴火でもある。

というのは、火口の底に溜まっている火山ガスがいつ噴き出すかを予測するのが、たいへんに難しいからである。火道をふさいでいる岩石を飛ばすだけガスの圧力が高まったかどうかを知ることが、実際には簡単ではない。

ブルカノ式噴火の一番初めには、何の前触れもなしに火山弾を飛ばすことが多い。したがって、小規模にもかかわらず、火山の近くに暮らす住民にはたいへん厄介な噴火ともいえよう。日本ではブルカノ式噴火はもっとも頻繁に起きるが、予測困難な噴火の一つである。

突然降ってくる噴石を一時的によけるために、ブルカノ式噴火を起こす火山のまわりでは、シェルター(待避壕《たいひごう》)が設置されている。桜島の周囲にも、噴石から身を守るためのシェルターがあちこちに用意されている(図2-8)。火口と反対側に出入り口を開けて、火口から直接飛んできた噴石を応急的に防ぐことができる。

図 **2-8**　噴石から身を守るために設置された伊豆大島のシェルター(待避壕).

時には変化する噴火の様式

ブルカノ式噴火を起こす火山では噴石、火山弾、火山灰を放出するが、溶岩流が出ることは少ない。しかし、マグマの噴出量が増えてくると、スコリア(黒い軽石)を放出したり、いちばん最後に溶岩流を噴出することもある。この場合の溶岩流は、サラサラした流れではなく、ドロドロしたかなり厚い固まりの流れである。その理由は、ブルカノ式噴火を起こす安山岩のマグマの粘性が高いためである。

このような溶岩流の表面には、ゴツゴツとした数メートルに及ぶ溶岩の塊が乗っている。ブロック溶岩と呼ばれているものである（図１－５参照）。さらに、まれなケースだが、噴石や火山灰の放出に引きつづいて、火砕流が流れ出す場合があることも知られている。

通常はブルカノ式噴火を起こしている安山岩の火山も、時には噴火の様式がガラリと変わる。大量のマグマが噴出した一九一四年の桜島の大正噴火が、その好例である。

この時にはプリニー式噴火を起こして、軽石と火山灰を降り積もらせた後に、大量の溶岩が流出した。おまけに、最後には火砕流まで噴出したのである。桜島はブルカノ式噴火の代表的な火山として紹介されることが多いが、時にはプリニー式の噴火もする。

このような例はあるが、たいていのブルカノ式噴火では、噴石、火山弾、火山灰、スコリアの放出を考えていればよい。

３　大量の溶岩を流すハワイ式噴火

ハワイは世界中で一番活発に活動をつづけている火山である。ハワイ島南部にあるキラウエア火山からは、現在でも頻繁に溶岩流が出ている(本章扉写真)。ここで起きている噴火のタイプは、ハワイ式と呼ばれる。ハワイ式噴火は、今でもキラウエア火山とマウナロア火山で典型的に見られる。

ハワイ式噴火の特徴は、見事な溶岩噴泉《ふんせん》と莫大《ばくだい》な量の溶岩流の噴出である。噴泉とはマグマが噴水のようにしぶきを上げることをいい、マグマの粘性がきわめて低いことがその要因である。粘りけが少ないので、より高く噴泉を立ち上げるのだ。

噴き上げたマグマのしぶきはただちに落下して、火口のまわりに溶岩の池をつくる。これは溶岩湖と呼ばれる。キラウエア火山では、溶岩湖の直径は数百メートルほどある。溶岩湖の中から噴泉が立ちのぼっているといってもよい状況だ。

「ペレーの毛」と「ペレーの涙」——ハワイ式噴火の産物

ハワイ式噴火はブルカノ式噴火のように爆発的ではないので、火山灰は生産されない。そのかわりに火口から噴き上げられたマグマの一部は、固まってスコリアとなる。ハワイ式噴火で降ってきたスコリアは、たいへんよく発泡している。マグマの粘性が低いので、泡がふくらみやすいからだ。

ときには、レティキュライトと呼ばれるハワイ式噴火に特徴的なスポンジ状の物質もできる。

極端に空隙が多くフワフワしているので、手のひらに乗せて軽く吹くだけで花びらのように飛んでゆく。そのため、少しの風でも遠くまで簡単に運ばれてしまう。

また、レティキュライトとは別のものだが、ガラス質のマグマが髪の毛のように長く引き延ばされた形のものや、涙のような特徴的な形をしたマグマの固結物が風に乗って飛来する。これらはハワイ島の女神ペレーにちなんで、「ペレーの毛」や「ペレーの涙」と呼ばれている(図2-9)。

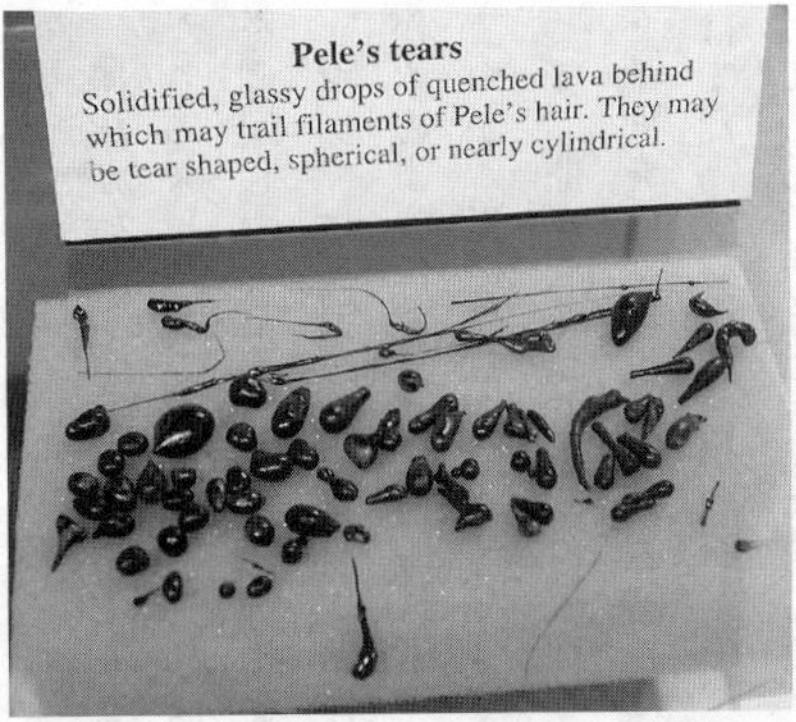
Pele's tears
Solidified, glassy drops of quenched lava behind which may trail filaments of Pele's hair. They may be tear shaped, spherical, or nearly cylindrical.

図 2-9 ハワイ・キラウエア火山から噴出したマグマのしずくが涙のような形で固まった「ペレーの涙」.

放出されたスコリアは、火口のまわりに降り積もって火砕丘《かさいきゅう》をつくる。この「火砕」とは、火砕流と同じく「マグマが引きちぎられた」という意味である。火砕丘は菓子のかき餅《もち》のようにガサガサした小山からなる。

火砕丘は噴き上げられたマグマによって壊されたり、火砕丘の一部が溶岩流によって流されたりする。このために噴火の最後には、大きくえぐれた火砕丘が取り残された地形をつくることもある。

広大な平地をつくる溶岩流

噴火が始まってしばらくすると、溶岩湖の縁からマグマがあふれ出す。なだらかな斜面をかなりのスピードで、溶岩が流れはじめるのだ。キラウエア火山で流れている最中の溶岩の温度を測定したところ、一一〇〇度を超えるような高温であることが分かった。

マグマは高温になるほど、粘性が低くなる性質がある。このため、ハワイでは一般に、溶岩が水のようにサラサラと流れ下っていく。玄武岩の化学組成であることと、高温であることの二つが、流動性の良い溶岩をつくる原因なのだ。その結果、地表にある細かい地形の起伏に従って、曲がりくねりながら流れるのである。

地面を広く覆《おお》って流れる溶岩は、最初は表面から冷えて固まりはじめる。しかし溶岩の内部はまだ高温で流動性が高いため、地中の固まっていない部分では、溶岩がいつまでも流れつづけている。表面は固結するのだが、内部はかなり長いあいだ熱く溶けたままになっている。

このような現象から、溶岩チューブ、または溶岩トンネルと呼ばれるものができる(第1章1節、図1-4参照)。ハワイの溶岩地帯を歩いていると、道路の脇に一メートルくらいの穴がポッカリと開いているのが見つかる。溶岩チューブの断面である。

溶岩チューブは、ちょうど手の指のように枝葉が分かれるようなようすで、筒状の通路が形成される。溶岩チューブの中は冷却されにくい。というのは、上流から絶えず溶岩の熱が供給され、また表面を固結した殻で覆われているからである。

その結果、いつまでも固まらない溶岩チューブは、マグマをあまり冷やすことなく、はるか遠くまで運びつづける通路となる。このおかげで、火口から流出した溶岩は何十キロメートルも下流まで運ばれる。熱を逃がさずマグマを効率的に運ぶためには良くできたシステムであり、これがハワイ島の広大な溶岩原を形成したのだ。

溶岩は海岸に達すると、切り立った崖にできた溶岩チューブの穴から海に注がれる。真っ赤な溶岩が一筋の流れとなって注ぎ込む美しい光景を、運よく観察できる時もあるだろう。製鉄所でドロドロに溶けた鉄が鋳型《いがた》に流し込まれるようすとよく似ている。

こうして溶岩は、何十万年という時間をかけて、ハワイ島の面積を徐々に拡大してきた。一方で、太平洋の荒波はハワイの海岸を削り取っていく。ハワイでは溶岩流と荒波のせめぎ合いの結果、現在の海岸線が確定してきたのである。

4　マグマのしぶきを噴き上げるストロンボリ式噴火

地中海のエオリア諸島には、ブルカノ島のほかにもう一つ、噴火タイプの名前に用いられた火山島がある。ブルカノ島の北二〇キロメートルに浮かぶストロンボリ島である。急斜面をもつ三角形の山が海の中から突き出ている形の島である。
ここではローマ時代以来、二〇〇〇年以上も島の山頂から噴火が断続的につづいている。数十秒から数分間のあいだマグマの飛沫《ひまつ》を空たかく噴き上げるのだ。

そのあと数十分間の休止をはさんでから、再び同様の噴火が始まる。このようにマグマを噴き上げたりしばらく休んだりするのが、ストロンボリ式噴火の第一の特徴である。伊豆大島の一九八六年噴火でも、ストロンボリ式の見事な噴泉が見られた(図2－10)。

ストロンボリ式噴火を起こすマグマは、ハワイ式同様、粘性の低い玄武岩質のマグマである。低粘性のため、中に溶け込んでいるガスが抜けやすい。ブルカノ式噴火のようにガスが火口底の地下に溜まることはない。したがって、ストロンボリ式噴火では、爆発的に噴石を飛ばすような噴火にはならないのだ。マグマを火道で上方に押し上げていったガスは、火口を出るとマグマとともに大気中に逃げてゆく。

ガスがマグマから抜けてゆく力が、火口の上に高さ数百メートル以下の噴泉を噴き上げる原動力となる。ハワイ式の噴火でも似たような現象は起きるが、ストロンボリ式の方が噴泉の高度は低い。ストロンボリ式のマグマは、ハワイ式のマグマほどにはサラサラとは流れない。というのはストロンボリ式のマグマの方が、ハワイ式よりも少しだけ粘性が高いからである。

図 2-10　伊豆大島 1986 年の噴火でのストロンボリ式噴火.（中野俊氏撮影）

ストロンボリ式噴火のスコリアと火山弾

マグマのしぶきが泡立ったものは、黒色のスコリアとなって空から降ってくる。その大きさは一〇センチメートル以下のものが多く、かなり軽い。マグマの中のガスが抜けるときによく発泡するからだ。

気泡がたくさん生じたことで、スコリアの表面はガサガサとささくれ立ち、中身はスカスカである。降下スコリアの中には、空中で割れたものも少なくない。割れたスコリアは、平面で囲まれた多面体の形をしているものが多い。

ストロンボリ式噴火では、空からスコリアとともに火山弾も降ってくる。火山弾はほとんど発泡していないために、ずっしりと重いものがある。噴火している最中に遠くから見ると、火山弾はきれいな放物線を描いて落ちてくる。密度の高い火山弾は、空気抵抗の影響をあまり受けないため、きれいに弾道軌道を描いて落下するのである。

火山弾の中には、マグマからガスがあまり抜けないうちに、そのまま飛来したものもある。ブヨブヨした状態で飛んでくるものだ。完全には固結していないので、さまざまな形をしたものが落ちてくる。ブルカノ式噴火の項で述べた火山弾と同じものも降ってくる。しかし、ストロンボリ式噴火はブルカノ式噴火ほど爆発的でないので、ラグビーボールのような紡錘《ぼうすい》状火山弾が壊れずに残っていることが多い。

ストロンボリ式噴火では、スコリアや火山弾とともに、火山灰を含んだ黒い噴煙柱がモクモクと火口から立ちのぼる。その高さは、プリニー式噴火は言うに及ばず、またブルカノ式噴火ほども上がらず、一〜二キロメートルの高度である。

円錐形の火砕丘

スコリアと火山弾は、おもに噴火口のそばに降り積もる。火口に近いほど粒径の大きなものが積もり、また全体の降り積もる量も多い。このことから火口を中心として、円錐形の小型の山ができあがる（図2－11）。ハワイ式噴火で火砕丘ができる話を書いたが、これも典型的な火砕丘である。

ストロンボリ式噴火でできた火砕丘は、高さと幅が数百メートル程度の大きさをもつ。その表面では、降り積もったスコリアがときどき崩れ落ちて、かなりの急斜面をつくる。ちょうど菓子のカルメラやアラレでつくった山のようである。

斜面の傾斜はほぼ一定で、水平面から三〇度程度傾いた角度を示す。これは安息角《あんそくかく》と呼ばれ、上からものが降り積もって円錐形の山をつくったときにできる斜面の角度のことをいう。

砂時計の中にできる砂山を思い浮かべてほしい。火砕丘の場合でも、傾斜面をスコリアが転がりつつも、しだいに円錐形の山をつくり上げてゆくのである。

図2-11 阿蘇カルデラの中にできた米塚の火砕丘.

火砕丘を流れ下る溶岩流

さて、ストロンボリ式噴火では、しばしば溶岩流も出る。噴泉を噴き上げている火口の中に、ドロドロに溶けたマグマが溜まることがある。火口の底をマグマがひたひたと埋めているところに、新たにマグマが火道を上がって噴泉が起きるのだ。たとえば、ストロンボリ島の噴火を海上から見ると、赤いマグマは数十分おきにしか見られない。しかし、火口の縁に立って見ると、真っ赤な溶岩湖が常にできているのが分かる。

この火口から、時おりマグマがあふれ出して、火砕丘の斜面を流れ下る。オレンジ色に光る筋がストロンボリ島の斜面を流れるのは、たいへんに美しい光景である。一九八六年の伊豆大島・三原山の噴火でも、ストロンボリ式噴火の後半にこのような溶岩流が見られた。

噴火の間隔と長さ

ストロンボリ式噴火は、数カ月以上つづくこともまれではない。一九四三年にメキシコのパリクテン火山で始まった噴火は、三一年間も火砕丘をつくったり溶岩を流しながら一九七四年までつづいた。溶岩は、できあがったばかりの火砕丘を壊しながら延々と流れたのである。

日本では、ストロンボリ式噴火は、鹿児島南方の海上にある諏訪之瀬《すわのせ》島で頻繁に起きている。もっとも活動的な活火山の一つであり、長年研究がつづけられている。この島で見られるストロンボリ式噴火は、ストロンボリ島のように規則正しい噴火ではない。噴火の間隔も噴泉の高さもまちまちなのだ。

ストロンボリ島の噴火は、世界でもまれに見る規則正しい噴火を行ってきた火山なのである。そのために典型的な噴火様式の名前として、火山学の教科書にも採用されてきたのだ。

5　ストロンボリ式vsハワイ式――マグマの粘性による噴火のちがい

これまで紹介した四つの噴火のタイプは、マグマの粘りけという観点で整理してみると理解しやすい。すなわち、プリニー式、ブルカノ式、ストロンボリ式、ハワイ式という順に、マグマの粘性《ねんせい》が低くなるのだ（図２―２参照）。これらの噴火のタイプは、自然現象としては連続したものであるが、粘性のちがいによって特有の性質が生まれるのである。

この順番は、噴煙柱の高度にもほぼ相当する。プリニー式噴火のように、高い粘性に打ち勝ってまで噴火が起きる場合には、高くまで噴煙柱が立ちのぼるのだ。

これに対して、粘性が低い場合にはマグマが火口から簡単に出てしまうので、高く上げる必要がないのである。粘性と噴煙柱の高度は、一見関係なさそうであるが、このように考えるとイメージしやすいだろう。

ストロンボリ式噴火はハワイ式噴火とやや似ているのだが、一般にストロンボリ式噴火のほうが、ハワイ式噴火よりもマグマの飛沫《ひまつ》をよく飛び散らす。したがって、スコリアや火山弾を遠くまで飛ばして、より大きな火砕丘をつくるのだ。

また、ストロンボリ式噴火のほうがハワイ式噴火よりも、厚い溶岩流をつくる傾向がある。

これもストロンボリ式噴火のほうが、マグマの粘性が高いことによっている。

溶岩噴泉がハワイ式噴火の第一の特徴であることは、先に述べた。ストロンボリ式噴火の噴泉とハワイ式噴火の噴泉は一見同じように見えるので、間違えられることがある。

ハワイ式噴火では最初、地面に割れ目ができるところから始まる。（ストロンボリ式噴火は、もともと穴が開いている火口から始まることが多い。）火道を上がってきたマグマは、最初に白い水蒸気と黒い火山灰を噴き出す。地面にできた割れ目に沿って、噴火が始まるのである。そのあと赤いマグマが噴き出し、溶岩噴泉が始まる。噴泉はマグマを一キロメートルもの高さに立ち上げる。これとともに黒い噴煙は二キロメートルほど立ちのぼる。

これらの噴泉と噴煙の立ちのぼる高度は、いずれもストロンボリ式噴火のそれらよりも高い。ハワイ式噴火のマグマは、ストロンボリ式よりもさらに粘性の低いマグマだからである。

ハワイ式噴火では、溶岩湖から噴き上がったり落下したりするマグマのリサイクルが起きている。ストロンボリ式噴火でもリサイクルはあるのだが、ハワイ式噴火のほうがリサイクルされるマグマの量がはるかに多い。

ストロンボリ式噴火では、かなりのマグマがスコリアとして外側へ飛んでいってしまう。この理由は、ストロンボリ式噴火マグマのほうがハワイ式噴火のマグマよりも、ガスが抜けにくくより爆発力をもつからである。

また、そもそもストロンボリ式噴火で生産されるスコリアの量自体が、ハワイ式噴火より多い。これらの違いも、ストロンボリ式噴火のマグマがより高粘性である性質による。

このように、マグマの粘性をキーワードにして、噴火のちがいを見てゆくとたいへん興味深いのではないだろうか。

6　水蒸気爆発――マグマが沸騰させた地下水

さて、ここからは少し異なる視点で噴火を見てみよう。今度はマグマと水の関連を考える。

これまで述べてきたように、噴火のキーワードはマグマの泡立ちである。マグマの中に含まれる水が水蒸気になる力で、マグマが火道を上昇したり、火口で爆発的噴火を起こしたりする。つまり、水の存在が鍵であるといってもよい。

噴火の際に重要な要素となっている水は、マグマに溶け込んでいる水だけではない。マグマの外にある水が、噴火の原動力になることもある。マグマに熱せられた地下水が水蒸気になるときに、大きなエネルギーが解放されるからだ。

たとえば、マグマが地上に向かって上昇したときに、地下の水脈に近づくことがある。ちょうどやかんの湯を沸騰《ふっとう》させるように、マグマが地下水を沸騰させるのだ。このときに生じた水

図 2-12　有珠山の 2000 年噴火による水蒸気爆発の一例.（宇井忠英氏撮影）

蒸気の圧力が、地下にかかっている圧力以上になると一気に爆発が起きる。このような現象を水蒸気爆発と呼ぶ（図2－12）。

水蒸気爆発が発生すると、地表近くにある岩石を噴き飛ばして火口をつくる。火山地域には、しばしば直径数百メートル以下の丸い火口がある。水をたたえた美しい池となっていることもある。これらの多くは、かつて水蒸気爆発を起こした火口である（図2－13）。

火口のまわりには岩がゴロゴロ転がっている。これらの岩塊は、水蒸気爆発によって噴き飛ばされたものである。数メートルもある岩石まで飛ばすので、たいへんに危険な現象であるともいえよう。

火山灰の変質と風化

水蒸気爆発では、岩塊のほかに細かい火山灰も放出する。この火山灰は、火口付近や火道の途中にあった古い岩石が細かく砕かれたものである。多くは黄色や褐色をしているのだが、元の火山灰の色が変化したものである。新鮮な状態の火山灰はグレー系統の色をしているのだが、地中の熱水が接触すると色が付く。温泉地域で色鮮やかな土壌が見られるのもそのせいである。

このような現象を「変質」という。変質は地下の水と熱によって引き起こされる。変質した火山灰に触れてみると、ネチャネチャした粘土質の物質であることが多い。

これとは別に、長い時間が経過することによって、火山灰に色が付くこともある。この現象は「風化」と呼ばれており、地表近くに何万年も火山灰が置かれているときに起きる。

「変質」と「風化」は、ちょっと見ただけでは区別が付きにくい。一般的には、「変質」は一○○度を超えるような条件で進行し、「風化」は常温の状態で長い期間に進行する。水蒸気爆発では、「変質」や「風化」をこうむった既存の岩石の細かい粉も、火山灰として噴出する。

図 2-13　有珠山の 2000 年噴火で国道の上にできた火口. 上方の火口からは噴気を盛んに上げている.

水蒸気爆発は、前節までに述べた四つの噴火のタイプと比べると、はるかに頻度の高い現象である。実際には、ほとんどの噴火の初期には、水蒸気爆発が起きると考えてもよい。マグマが火道を上がってくる途中で地下水を熱するからである。

たとえば、マグマが最初に火道を地表まで開けてゆくときに、白い水蒸気の噴気が勢いよく出ることがある。これは地下で水蒸気爆発が起こっている可能性が高い。

このように、水蒸気爆発の原動力となる水蒸気は、マグマにもともと含まれていた水が蒸気になったものと、地下水が熱せられたものの両方からなる。一般には、マグマ中の水よりも地下水起源の水蒸気のほうが、量的には多く寄与している。

7　マグマ水蒸気爆発——新鮮な火山灰が見つかるか

水蒸気爆発と類似の概念として、マグマ水蒸気爆発がある。よく似たことばなので、マスコミの報道でも混乱して使われることが多い。マグマ水蒸気爆発とは、マグマが地下水と直接触れて起きる爆発的な噴火である(図2-14)。このとき、貫入《かんにゅう》してきたマグマ自体もバラバラになる点が、水蒸気爆発とのちがいなのである。なお、貫入とは、マグマが他の岩石や地層を貫いて入り込むことをいう。マグマが破砕された結果、大きなエネルギーが解放され、引きちぎれたマグマが水蒸気とともに地表へ噴き出すのである。

水蒸気爆発が起きたとき、噴火がマグマ噴火まで発展するかどうかを見きわめることは、火

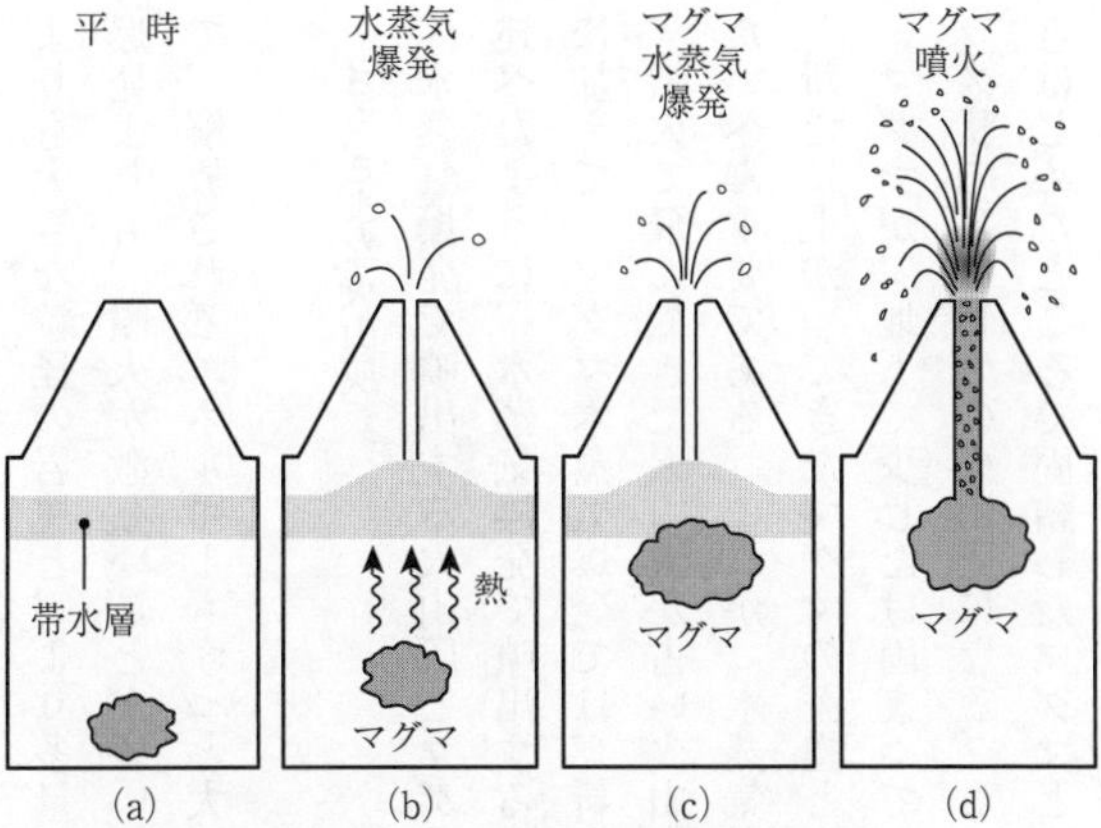

図 2-14　水蒸気爆発からマグマ水蒸気爆発に至る噴火のしくみ．a：平時には山の下に地下水とマグマだまりがある．b：マグマが上昇し地下水が沸騰すると水蒸気爆発を起こす．c：マグマが地下水に触れると，マグマ水蒸気爆発を起こす．d：さらにマグマの活動が盛んになり地下水が蒸発してしまうと，直接マグマが地上に噴き出すマグマ噴火となる．

山災害を減らす上でたいへん重要である。

水蒸気爆発だけの場合には単発の噴火で終わることもあるが、マグマ水蒸気爆発が起きると、噴火が長引くことが予想されるからである。

マグマ水蒸気爆発では、マグマは大量の細かい火山灰として火口から噴出する。これが灰色〜黒色の噴煙となって上空に立ちのぼるのである。この噴煙は、水蒸気だけからなる白い噴気ではなく、黒っぽい色がついている。噴煙の色によって、新鮮な火山灰が含まれているかどうかをある程度判断できるのだ。

マグマ水蒸気爆発でも水蒸気爆発と

まったく同じように、岩塊を周囲へ噴き飛ばす。一般に、マグマ水蒸気爆発では、水蒸気爆発よりも大きな粒径の岩塊と、より多量の火山灰を放出する。マグマ水蒸気爆発のほうが水蒸気爆発よりも、噴火が激しいことが多い。細かく引きちぎられたマグマが直接関与していることで、解放されるエネルギーもずっと大きくなるのである。

さまざまな火山灰

水蒸気爆発で噴出する火山灰とマグマ水蒸気爆発の火山灰の中身にも、違いがある。前節で述べたように、水蒸気爆発で噴出する火山灰は、古い岩石が砕かれたものだけからなる。これに加えて、マグマ水蒸気爆発では、新しく上昇してきたマグマのかけらが含まれている。

噴火で飛んできた火山灰が古い火山岩を壊したものか、新しいマグマによるものかどうかは、たいへん重要である。これが、水蒸気爆発とマグマ水蒸気爆発とを見分ける鍵になるからだ。

新たに上がってきたマグマの証拠として、新鮮なガラス質の火山灰というものがある。新しいマグマが、地下で少しだけ固まって火山灰になったものである。固まるときに急冷して、ガラス状のピカピカの火山灰になる。この中に発泡した証拠が見つかることもある。少し泡ができはじめたところで固結したマグマというわけだ。このようなガラス質の火山灰があれば、マグマ水蒸気爆発と判断される。

新鮮な火山灰かどうかを判断するには、別の方法もある。火山灰が何千年も地表にさらされると、火山灰の表面からごく弱い「風化」が始まる。「風化」が起きると、表面の厚さ数ミクロンくらいの部分が、水を含んだ状態になる。これは「水和《すいわ》」と呼ばれる現象である。古い火山灰ではそのほとんどの表面に「水和」が見られるが、最近できた火山灰にはこの状態がない。これらの徴候から、新たに上昇してきたマグマを起源とする火山灰であることを突き止めるのである。

厳密には、新たに貫入したマグマが地上に噴き出したという証拠が見つかったときに、その噴火をマグマ水蒸気爆発と呼ぶ。実際には、降ってきた火山灰を顕微鏡でくわしく観察して、新鮮なガラス質の火山灰を発見してはじめてマグマ水蒸気爆発であると言われる。そのような証拠が得られるまでは、水蒸気爆発と呼ばれることが多い。

噴火の形態と降り積もった岩塊や火山灰だけからは、マグマ水蒸気爆発と水蒸気爆発の区別は、本当は困難なのである。しかし、比較的規模の大きな爆発が起きたときには、最初からマグマ水蒸気爆発の可能性が疑われることが多い。

現実には、一九九一年の雲仙普賢岳、一九九五年の九重山、二〇〇〇年の有珠《うす》山、二〇〇〇年の三宅島といった噴火では、黒い噴煙が一〇〇〇メートルも上がった。これらの事例では、いずれも後に新たなマグマの証拠が見つかった。したがって、規模の大きい水蒸気爆発が起きると、火山学者は最初にマグマの関与を突き止めようと努力する。

8　水蒸気爆発からマグマ噴火へ

水蒸気爆発からマグマ水蒸気爆発へと、時間がたつにつれて噴火が推移することもしばしば見られる（図2－14）。

平常時には、火山体の下に地下水とマグマだまりがある。マグマが上昇しはじめると、その熱が地下水に与えられて、地下水が沸騰する（図2－14a）。これによって岩石と火山灰が地上に噴き上げられ、水蒸気爆発が起きる（図2－14b）。

次に、マグマが火道を上昇し、地下水とマグマが触れると、マグマ水蒸気爆発が起きる（図2－14c）。もっと大きな岩塊と多量の火山灰を噴出するのである。

さらにマグマの活動が活発になると、マグマの熱は地下水をすべて蒸発させ干からびさせてしまう。地下水がなくなると、マグマはそのまま地表に噴出し、通常のマグマ噴火となる（図2－14d）。この順番にしたがって、放出するマグマの量は増加するのである。

たとえば、阿蘇山の中岳火口では、湯だまり↓水蒸気爆発↓マグマ水蒸気爆発↓マグマ噴火↓マグマ水蒸気爆発↓水蒸気爆発↓湯だまりというサイクルが見られる。数カ月をかけて一つの噴火形態を続けたあと、次の現象に移る。そして一〇年ほどでひとめぐりして、サイクルがくり返されてゆく。

爆発的噴火を起こす条件

実は、水とマグマがちょうどよい量比で混じったときに、爆発力は最も強くなる。

たとえば、「焼け石に水」では、水が足りないので爆発しない。また、「水がジャブジャブ」では、今度は水が多すぎてマグマの熱を奪ってしまう。言うなれば、「焼け石に水」と「水がジャブジャブ」の中間に、最大の爆発的噴火を起こす条件があるのだ。

このような物理的な条件は、実験によって求められている。重量の比率にして「水」対「マグマ」が三対七に近いときに、爆発が最大になる。地下でこのような条件のときに、自然界でも大きな爆発的噴火が起きている。

日本のほとんどの火山では、水が関与した爆発の証拠がある。先に述べた丸い火口が山頂と山腹を問わず至るところに見られるからだ。これらは水蒸気爆発もしくはマグマ水蒸気爆発の痕跡《こんせき》である。しかし、火口の形だけから、いずれかを判断するのは不可能である。

噴火の推移を予測する

水蒸気爆発が始まると、噴火の推移を予測するために、降ってきた火山灰の中身を時間を追いながら詳細に調べることになる。もし新しいマグマ起源の物質が見つかれば、その後どのくらい増加するかを定量的に把握しようとする。

先の九重火山、雲仙火山、またセントヘレンズ火山の噴火でも、同様の調査が行われた。すると当初の予想に反して、水蒸気爆発と思われた噴火の初期から新しいマグマが関与していた証拠が見つかった。

実は、この結果は、噴火とともにリアルタイムで得られたことではない。時系列に並べた火山灰を、あとで調べて分かったことである。しかし、空から降ってきた火山灰を即座に、詳細な分析を行うことができれば、リアルタイムで噴火の推移を知ることも可能である。

これまで噴火のタイプごとに火山の多様な姿を見てきたが、同じタイプであっても実際の噴火が一律に同じように起きるのではない。マグマの噴出する量と速さ、含まれているガスの量、噴火の継続時間、噴出した場所の地形、火口や火道の大きさ、火口に水が溜まっているか否か、などの諸条件によって、噴火は千変万化する。逆に、これらの多種多様な姿から共通項を抜き出してみたのが、本章で述べた噴火のタイプなのである。

火山学はかなり上手に噴火現象をまとめたと言えるのだが、それを超える未知の現象が起きるのも自然の姿であることを、是非忘れないでいただきたい。

地中海の灯台、ストロンボリ島

地中海では古くから交易が盛んで、船の往来も多い。二五〇〇年前のローマ時代から、ほぼ絶えることなく光を放っている灯台が一つある。「地中海の灯台」と親しみを込めて呼ばれているストロンボリ島がそれだ。何千年も噴火がつづいており、海上で夜になってから眺めると赤いマグマがよく見える(図2−15)。

ストロンボリ島は、イタリア半島の西に浮かぶ標高九〇〇メートルほどの火山島である。船から見ると、一〇分間ほどマグマのしぶきが高く上がる。それにともなって、マグマはバラバラと放物線を描いてゆっくりと落ちる。まるで花火のような光景で、船上で見ていた人から歓声が上がる瞬間だ。

噴き出した赤いしぶきは、しばらく周囲に漂う水蒸気のつくる雲を照らしている。そのあと空は再び数十分のあいだ暗闇となる。漆黒《しっこく》の闇夜に断続的に光を発するようすは、幻想的ですらある。

図2-15　ストロンボリ島の間欠的な噴火.（夜間に船上から小山真人氏撮影）

一個一個のマグマのしぶきは、実は直径が一メートル以上もある。溶けたマグマと、真っ赤に焼けた火山弾の大きな塊だ。このようにマグマのしぶきが間欠的に空高く上がる現象は、世界中でもストロンボリ島がもっとも見ごたえがある。

頂上には三つの火口があり、小規模の溶岩噴泉が絶えず起きている。中でも大きな噴泉は、深さ一〇〇メートルの火口底を飛び出して、上空六〇〇メートルまで上がる。マグマはほぼ連続的に出ているのだが、ときどき噴き上がる高いしぶきが、遠くから見ると、灯台のように点滅して見えるのである。

港から四時間ほど歩いて島の頂上近くまで登ると、噴火を間近に見ることができる。普段はさほど危険はないが、まれに火山弾が、火口から一キロメートルも飛ぶことがある。ハワイ島と同じく危険性の少ない火山であるが、ゼロではない。二〇〇二年には、山頂近くで夜を明かした人が、突発的に出た火山弾に襲われる事故があった。

数年に一回くらい、マグマが火口からあふれ出して山腹を真っ赤な溶岩が流れ下ることがある。また、数百年に一度くらいは爆発的な噴火を起こし、火砕流が出る危険性もある。ストロンボリ火山でも、噴火の急激な変化には注意が必要なのである。

ストロンボリ島のあるエオリア諸島は、ギリシャ神話に出てくる風の支配者アイオロスにちなんだ地名である。大昔から風をたよりに航行してきた船乗りたちは、ストロンボリ火山の美しいかがり火を見ながら、船の位置を確かめてきた。地中海には、昔から火山と共生してきた人たちがいたのだ。

第3章
噴火は予知できるか

駿河湾の淡島から見た富士山．手前にある大きな穴は江戸時代に大噴火を起こした宝永火口．

火山活動が活発になってくると、気象庁から噴火に関する情報が発表される。「○○火山では火山活動が活発になり、十分に注意してください」といった内容がテレビ、ラジオ、新聞、インターネットに流される。このような情報は、火山の地下の状態をさまざまな手法で観測することによって得られるものだ。

たとえば、火山の下で起きる地震や地面の傾きの変化などを精密に測ることで、火山がいまどのような状態にあり、次に何が起きるかを予測する。このような作業は噴火予知と呼ばれる。

噴火予知の内容は五つの項目からなる。噴火が「いつ（時期）」「どこから（場所）」「どのような形態で（様式、タイプ）」「どのくらいの大きさおよび激しさで（規模）」「いつまで続くのか（推移）」に関する情報である。これを噴火予知の五要素という。

現在の噴火予知では、いつもこの五点すべてについて情報を出せるわけではない。「いつ（時期）」と「どこから（場所）」の項目しか発信できないことも多い。噴火予知はまだ研究途上にあり、五つの項目を予測するデータが必ずしも得られないからだ。

また、五要素の中身は、噴火の時間経過にしたがってどんどん変化してゆく。噴出するマグマの量や状態によって、噴火のタイプさえも変わってゆくからだ。しかし、できる限り多くの情報を集めて、噴火の進行とともにリアルタイムで噴火予知を行うべく、専門家による努力がなされている。日本の噴火予知に関する技術は、世界の中でも最先端のレベルにある。地震予知と比べても、噴火予知は、部分的にはすでに実用段階にあるといってもよい。

以下では、噴火予知の五要素に回答を与えることをめざして実行される観測項目について、述べてゆこう。

1　地震を調べる

噴火とは、マグマが地下から地表へ噴き出すことである。圧力の高まったマグマは、火道を上昇する(図3-1、第1章2節も参照)。マグマが岩石をバリバリと割りながら上がってくるときに、地震が発生する。

マグマの通路である火道は、ストローのようにいつも穴が開いているわけではない。前回の噴火のあとで、火道を通過したマグマの残りが、たいてい火道を埋めている。火道の中はマグマが冷え固まった溶岩が詰まっているのだ。次の噴火が起きるときには、火道の周辺に地震を起こしながら、マグマが岩石を割って無理やり上がってくるのである。

地震は火道周辺だけでなく、その下にあるマグマだまりの周囲でも起きる。火道を上がって

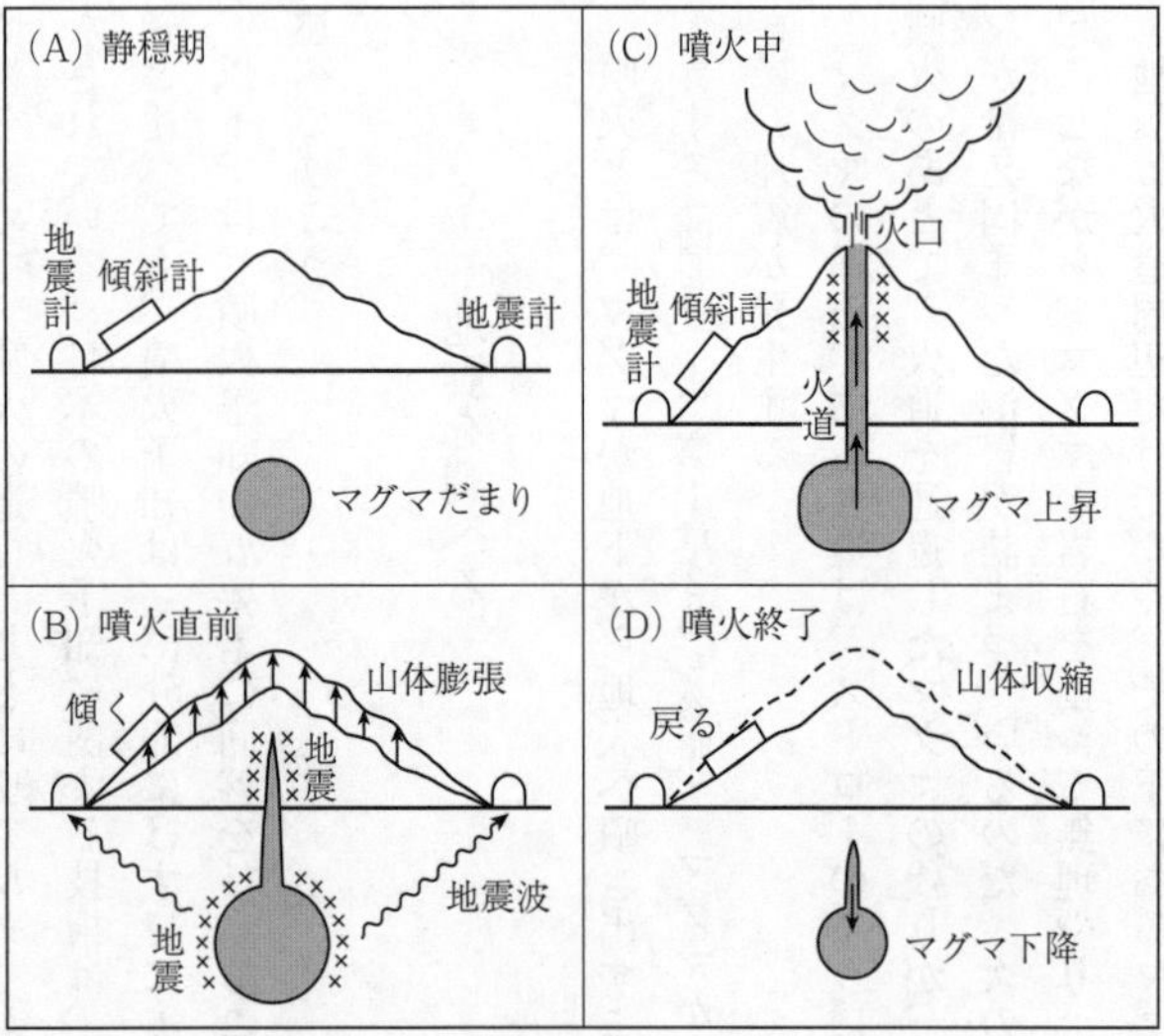

図 3-1　火山体の断面図．マグマだまり，火道，火口，地震の起きる場所の位置関係と山体の膨張・収縮．

くる前に、マグマだまりが膨張《ぼうちょう》する。この時、マグマだまりのまわりの岩石が無理やり破壊される。こうしてマグマだまりの周囲でも、小さな地震が発生するのである（図3―1B）。

地震の起きる深さで見ると、五〜一〇キロメートルほどの深部にあるマグマだまり周辺で、最初の地震が起きる。続いて地震の起きる位置が浅くなっていき、マグマの先端が岩石を割りながらゆっくりと上昇していくのが分かる。

高周波地震と低周波地震

これまでの地震は、いずれも地下の岩石をバリバリと割るような地震である。これは高周波《こうしゅうは》地震と呼ばれるもので、私たちが日常経験するような地震である。地下の断層が起こす地震とも似ている。

これとは別に、船に乗っている時のようにユラユラゆっくりと揺れる地震がある。低周波地震と呼ばれるもので、火道やマグマだまりの中にある液体や気体状の物質が動くことによって発生する、と考えられている。この他に、マグマに熱せられた地下水が、低周波地震を起こすこともある(図3－2)。

二〇〇〇年の秋に、富士山の地下で低周波地震が増加した。富士山のマグマが活動を始めたのではないかと、大騒ぎになった。この原因は、深さ十五キロメートル付近にある「マグマに由来する流体」がゆらゆらと揺れたため、と考えられている。さらにその下の深さ約二〇キロメートルには、マグマだまりが存在するらしい。

この「マグマに由来する流体」とは、岩石の溶けたマグマではない。地下深くの高い圧力で存在できる状態(超臨界状態)の水や二酸化炭素が揺れて、ユラユラと地震を起こしていると推定されている。その後も低周波地震は起きたり止んだりしているのだが、そのくわしい原因はまだ分かって

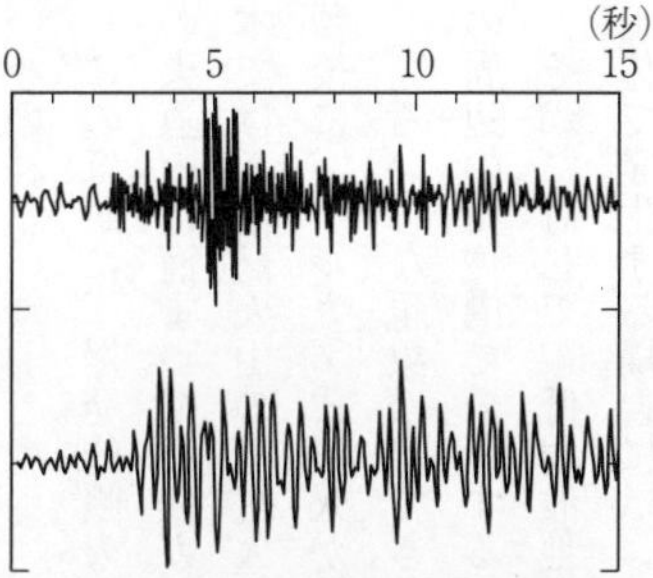

図3-2　高周波地震と低周波地震の波形の違い．富士山の地下で2001年1月に起きた高周波地震(上)と2000年11月に起きた低周波地震(下)．(東京大学地震研究所による)

いない。

このほかに、爆発的噴火にともなって低周波地震が発生することがある。これは、火口直下の火道内に溜まっていたガスが突出する際に、まわりの岩石を揺すって起きる地震である。日本では、桜島火山の南岳火口の一キロメートル下でよく起きる。この地震が発生してから約一秒後に、ブルカノ式噴火が始まるのだ。

いろいろな現象が出てきたので、少しまとめておこう。高周波地震は、火道やマグマだまりの周辺の山体内で発生する。これは主として、岩盤の破壊によって起きるものだ。

それに対して、低周波地震は、火道内やマグマだまりの中で発生する。また、低周波地震が山体で発生する場合には、マグマの熱で温められた地下水など火山性の流体が原因となっていることが多い。富士山直下の低周波地震がその例である。

実は、高周波地震も低周波地震も、火山のそばに住んでいる人の体に感じないほどのごく弱い地震である。高感度の地震計を用いて初めてとらえることができるようなものだ。

多くの活火山の周囲には、地震計が置かれている。山の中心を取り巻くように数カ所以上も設置されている。地震計では地面の揺れを、東西、南北、上下といった三成分に分けて記録する。火山の周囲に置かれた地震計のデータを集積することで、地下のどこで地震が起きたかを正確に求めるのである。

これらのデータは、地震発生と同時に、電話線もしくは電波を通じて観測所に集められる。これを解析することで、火山体の地下のどこでどのような強さの地震が起きたかを、三次元的に突き止めてゆく。こうした情報から、マグマの動きを逐一《ちくいち》把握するのである。

火山性微動

火山で観測される地震には、高周波地震と低周波地震のほかにも、火山性微動《びどう》と呼ばれるものがある。噴火が始まる前に、新聞などでしばしば登場する言葉だ。

火山性微動とは、火山の周辺だけで観測され人には感じないほどの小さな地震である。揺れの始まりと終わりがはっきりせず、短いものは数秒程度、長いものは数週間も続くものまである。一般に火山性微動は、火道の中でマグマや火山ガスが上昇するときに起こると考えられている。火山の下で地下水やガスが震動することで、火山性微動が起きることもある。また噴煙を盛んに放出するときにも、火山性微動が発生する。

火山性微動は噴火の直前予測の重要な手がかりとなる。火山性微動が頻繁に出ると、数日〜数時間で噴火につながることが多いので、火山学者は緊張するのである。

このように、火山の地下で起きる地震データから、まずマグマがどこに上がってくるかを予測する。時には、地震の発生から、マグマが地上に噴出するまでの時間を推定することもできる。たとえば、地震の発生回数が急激に増えるようすを、過去に噴火した例と比較して、噴火の時期をおおまかに予測するのだ。この手法はハワイのキラウエア火山や北海道の有珠山などで活用されている。

こうして、地震をくわしく観測することで、噴火予知の五要素の一つである「どこから（場所）」と「いつ（時期）」を知ることができる。

2　地殻変動を測る――火山体の膨張と収縮

「動かざること山のごとし」という成句があるが、火山の場合は噴火にともない山が膨《ふく》れたり縮んだりする。地下にあるマグマが地上に上がるときに、山体が膨張する（図3－1B参照）。その反対に、マグマが下へもどるときには、山が収縮するのである（図3－1D参照）。このような動きのことを地殻変動と総称する。

山が示す膨縮はきわめてわずかなものなので、非常に精確な測定をすることではじめて確認できる。具体的には、火山体をつくる斜面の傾きを、傾斜計《けいしゃけい》という精密機器を使って観測する。どのくらい精密かというと、一万メートルの棒の片方が一ミリメートル持ち上がったくらいの傾きを測定するのだ。

想像してみてほしい。たとえば、お餅《もち》を焼いて表面が一ミリメートルプクッとふくれたのを、一万メートル先から望遠鏡でのぞき込んで見つけるようなものだ。きわめて精度の高い技術なのである。

具体的にどういう方法で火山の膨らみを測るかを説明しよう。まず、火山の斜面にトンネルを水平に掘り、その中に水の管を二本水平に並べる。これを水管《すいかん》傾斜計という。水の管は長さが約三〇メートル、直径が数センチメートルほどである。この管を直角三角形の直交する二辺に並べるのだ（図3－3）。

この管の両端にある水位は等しい。よって、地面がわずかでも傾くと、中に入った水が移動する。この両端の水面の高さを電気的に測定することで、傾斜を調べることができる。

水管傾斜計を地下に埋めているのは、ノイズを生む温度の変化が少ないからである。このような条件で初めて、誤差を最小限に減らして火山体の傾きを細かく測ることができるのである。

このような二本並べた水管を一セットとして観測するシステムは、鹿児島県の桜島火山の地下に作られている（図3－3）。一九八〇年に数億円をかけて設置されたものであり、このおかげで桜島のブルカノ式噴火の予知が可能となった。

噴火の数分から数時間前に、桜島が膨張しはじめる。そして噴火が終わると、収縮しはじめるのだ。このような結果が、リアルタイムで観測所に送られてくる。これを見ながら噴火の事

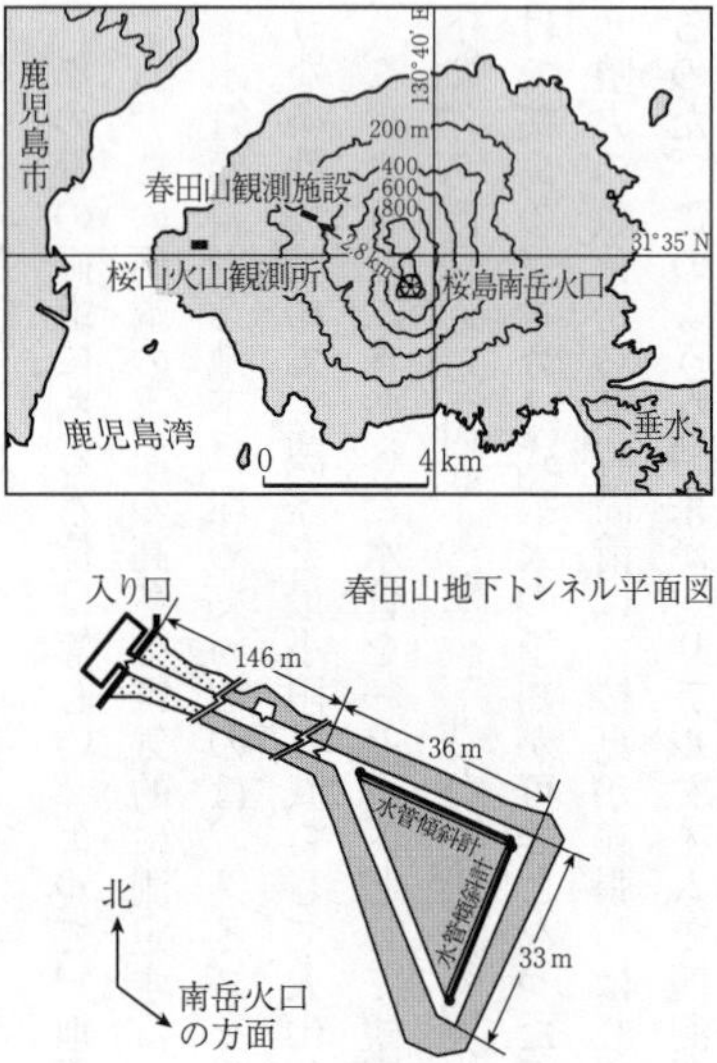

図 3-3　桜島火山の地下に設置された傾斜計の見取り図.（石原和弘氏による）

前に、警報を出す。これは世界一の精度で地殻変動を観測するシステムである。

このほかに、簡単な傾斜計も用いられている。地面に直径一五センチメートルの穴を、数メートルほどの深さで掘る。その底に水準器のような計器を埋めて、電気的に地面の傾きを測定する。気泡型傾斜計と呼ばれるもので、水平に置いた直交する二つの管の中に気泡が入っている。

地面が傾くと、管の中の気泡がはじのほうに偏《かたよ》る。この位置を測ることで、傾斜をくわしく知ることができる。直交する二方向の傾きのデータを観測所に送るという仕掛けだ。

この方法では、細い穴を垂直に掘ればよいので、先に述べたトンネルのシステムよりもずっと簡単にかつ安価に設置できる。費用も一本当たり一〇〇万円程度である。噴火が近づいてから山体を取り囲むように設置できる簡便な方法だ。

精度は先の水管傾斜計のシステムよりも良くないのだが、機動性があるという点で優れている。また、測定点を増やせるので、地域ごとに火山の膨張と収縮を見ることができることも有利である。

噴火にともなう地殻変動

図 3-4　有珠山の 2000 年噴火によって生じた地殻変動．線路が曲がっている．（廣瀬亘氏撮影）

桜島火山で用いられた地殻変動の測定原理は、戦前に東大地震研究所の萩原尊禮《はぎわらたかひろ》教授が考案し、ハワイのキラウエア火山で応用されたものだ。キラウエア火山では噴火の前に山体がゆっくりと膨《ふく》らむ。マグマが貫入した分の体積が増えるからである。

そして噴火が起きるとたんに縮む。マグマが地上に出た分だけ縮むのである。精密に観測を続けていると、このような規則的な動きが見えてくる。

そのほかにも、噴火の直前には、顕著な地割れができることがある。二〇〇〇年の有珠山噴火の際には、水平方向の地面の動きによって、鉄道の線路が曲がってしまった（図3－4）。また、過去の溶岩ドームの残りである西山の山麓には地割れが多数でき、国道を寸断した。これらの激しい地割れは、現在でも残されており、見学することもできる。

一九七七－七八年の有珠山の噴火では、地殻変動によってアパートが崩れてしまったことさえある（図3－5）。

図3-5　有珠山の1977-78年噴火によって生じた地殻変動．建物が断層によって崩壊した．（宇井忠英氏撮影）

また、セントヘレンズ火山では、一九八〇年の噴火の数日前から山が膨らみだした。ふもとから見ていても分かるくらいに膨張し、表面に地割れがたくさんできた。噴火の前日には一日に一メートルも膨らみ、山がぐんぐん成長しているのが分かるほどであった。下から見上げていた人は、さぞかし恐い思いをしたことだろう。

GPSによる観測

現在では、全地球測位システム（GPS）による地殻変動の観測も行われている。これはいくつかの人工衛星からくる電波を受信して、自分の位置を正確に把握する方法である。自動車のカーナビゲーションにも用いられているものと原理は一緒であるが、さらに精度を上げたものである。

このシステムで観測できる地面の変化の精度は、水平方向で一センチメートル、垂直方向で二〜三センチメートルほどである。この精度はどんどん良くなっており、ミリメートルの精度の測定も可能になってきた。

このくらいの精度があれば、地下のマグマの移動によって起きる地殻変動を、かなりくわしく把握することができる。GPS観測によって地面が移動した結果は、国土地理院がインターネットで公表しており、ほぼリアルタイムで見ることもできる。

水準測量で見えた鹿児島湾のマグマだまり

もっと長期的なマグマの動きをつかまえる方法もある。昔から行われている水準《すいじゅん》測量という手法である。地表にある二点のあいだの高さの差を精密に測定するのだ。地面の高さの変動をものさし(標尺《ひょうしゃく》)と水平面を表す水準儀《ぎ》を使って、道路を何十キロメートルも測定してまわるのである。

これは人手がたくさん必要な労力のいる作業であるが、広い範囲の火山全体の変化を知る上で貴重な情報をもたらす。たとえば、GPS観測では検知できないようなわずかな異常を、ミリメートルの精度で検出できるという特長がある。

水準測量は、長期間にわたる火山活動の変化を知る上ではたいへん重要なデータを与えてくれる。このような観測を半年もしくは一年ごとに火山のまわりで繰り返して行う。地面が一ミリメートル単位で上下した動きまでつかまえることができるのだ。

この方法は古典的であり、一九一四年に桜島火山で起きた大噴火前後のマグマの動きが確かめられている。大正噴火によって一・五立方キロメートルのマグマが噴出したのだが、その結果地下のマグマだまりが変化を見せたのである。

噴火の前には、マグマだまりを取り囲む鹿児島湾全体が隆起していた。それに対して、噴火の直後には、隆起が沈降に転じたのである。マグマが大量に噴出した結果、直径五〇キロメートルにもわたる範囲が、数十センチメートルも沈んだのである。

この結果、鹿児島湾のほぼ中央直下に、マグマだまりがあることが分かった。この現象は、帝国大学理科大学(現在の東大理学部)地震学教授をしていた大森房吉《ふさきち》が観測し、世界的に有名になった。第二次世界大戦後には、東大地震研究所の茂木清夫教授が正確にマグマだまりの位置と深さの両方を推定し、地殻変動からマグマの動きを知る方法を確立した。

その後、この手法を用いて地下のさらにくわしい情報が得られている。水準測量を繰り返すと、桜島の下にも浅いマグマだまりがあることが判明した。深さにして約三キロメートルのところにあったのである。この位置にマグマが溜まっていることは、傾斜計から得られたデータともよくあっている。

このように、山の膨張や収縮を表す地殻変動を精密に測定することは、マグマの動きを知る上できわめて重要である。

3　磁気と地電流で見るマグマ活動

地球には磁場というものがある。いわば地球全体が磁石になっているので、地上に暮らすわれわれも磁気コンパスを使って方角を知ることができる。つまり、コンパスの針は、地球という磁石に引きつけられたり反発したりしながら、ある方向を向くのである。

地表にあるすべての岩石は、「磁化《じか》」している。いわば永久磁石と同じような性質がある。特に、マグマが地上に出て冷えて固まった火山岩は、強い磁化をもつ。磁化という言葉はあまりなじみが無いかもしれないが、岩石のもつ磁石の力という意味の専門用語なのである。

地球の磁場は、地表にあるすべての岩石を貫いている。このときに流れてきたばかりの熱い溶岩は、地球の磁場の方向と同じ方向に磁化が付く性質がある。これを「地球磁場と平行に磁化する」という。そして溶岩が冷えた後では、この時に獲得した磁化はほとんど変わらない。

冷え固まった溶岩の中に保存された磁化は、ふたたび熱を受けると消滅する。このような岩石の性質を利用して、地下の温度の変化を知ることができる。地磁気《ちじき》調査と呼ばれる手法である。

では、岩石の磁化の調査が火山噴火予知にどのように役立つかを見ていこう。

この磁化は、岩石中に含まれているいくつかの種類の鉱物が担っている。なお、鉱物とは岩石を構成するつぶつぶの結晶のことで、ふつう岩石の中には一〇種類を超える数の鉱物が入っている。その中でも永久磁石のような性質をもった鉱物を、磁性鉱物という。

磁性鉱物には、磁鉄鉱、赤鉄鉱、チタン鉄鉱などの名前をもつものがある。大きさは数～数十ミクロンくらいの微細なものであり、目に見えないくらい小さい粒である。

磁性鉱物はそれぞれ磁気的な性質がちがう。岩石にはこれらがさまざまな割合で含まれており、それによって岩石全体の示す磁気的な性質が異なってくるのだ。

熱による磁性鉱物の変化

磁性鉱物のもつ磁化は、温度を変えると大きく変化する。高温にすると磁化が失われてしまうことがある。たとえば、高温にしてドロドロの溶けた状態にすると、磁化が消滅する。反対に、溶けた岩石を徐々に冷やして固めると、ある温度まで下がったところで磁化をもつようになる。

このように、磁性鉱物のおもしろい性質は、岩石の置かれた温度と密接に関連している。具体的には、火山岩にゆっくりと熱を加えていくと、摂氏六〇〇度くらいで磁化が完全に消えてしまう。そのあとゆっくりと冷やしてやると、六〇〇度を少し切ったあたりから、磁化が復活する。

それぞれの磁性鉱物は、磁化が消滅する固有の温度をもっている。この磁性が一気に変わる温度を、キュリー温度という。キュリーとは、フランスのノーベル賞物理学者ピエール・キュリー（「キュリー夫人」として有名なマリー・キュリーの夫）の名前に因《ちな》んでいる。

つまり、磁化はキュリー温度で固定されるのである。このように岩石に保存された磁化のことを、残留《ざんりゅう》磁化という。

地上に噴出した溶岩が冷え固まるとき、キュリー温度を切った時点で磁化が生じるのである。これとは逆に、岩石の温度が上がる場合には、キュリー温度に近づくと磁化が消滅する。

キュリー温度は、磁鉄鉱、赤鉄鉱、チタン鉄鉱などの磁性鉱物ごとに異なる。たとえば、磁鉄鉱のキュリー温度は五七五度である。

地磁気調査の実際

地球には磁場があり、地表で観測される磁気は地磁気《ちじき》とよばれる。火山のそばで地面の磁力をくり返し測定していると、磁力が日ごとに変化してゆくことがある。これは、マグマ周辺の岩石がもつ磁化全体が変化したことを意味する。

その原因としては二つの理由が考えられる。一つ目は、マグマ自体の温度が変化したためである。二つ目は、マグマの上昇にともなって周囲の岩石の温度が変わったためである。たとえば、マグマが地下の岩石を熱した結果、周囲の岩石のもつ磁化が減ったことと対応している。

野外で岩石の示す磁化を連続的に測定すると、地下にあるマグマの変化を推定できる。たとえば多くの火山では、噴火の前に磁場の強さが減ることが観測されている。つまり、マグマが上昇して火山を構成する岩石の温度が上がると、その部分だけ磁力が減少するのだ。その後しばらくしてから、噴火に至るのである。

図3－6は、阿蘇山の中岳火口が噴火した前後の磁力の変化である。一九九〇年四月二〇日に起きた噴火の前の数カ月間、磁力はゆっくりと減少していた。これは、マグマに熱せられて周囲にあった岩石の磁化が、しだいに失われつつあったからである。

そして、四月二〇日の噴火を境として、磁力の上昇が見られる。おそらく噴火によって熱を放出したあと、地下の岩石の温度がふたたびもとへ戻ったためと考えられる。

この事例では、地下と地表のそれぞれの活動が見事に対応している。マグマの動きと地表の噴火について、少しくわしく説明してみたい。

なお、多くの読者には以下で述べる内容の価値が分かりにくいかもしれない。しかし、予測したことが実際に観測データとして得られると、火山学者は無上の喜びを感じるのである。しばらくおつき合い願いたい。

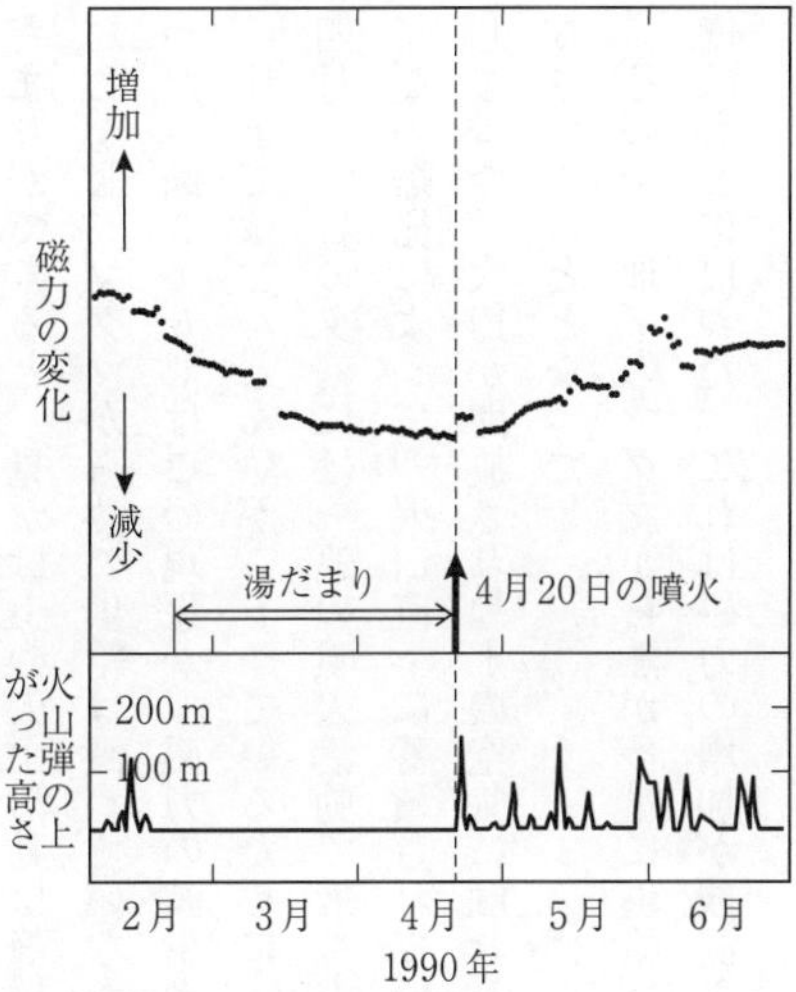

図 3-6　阿蘇山の噴火にともなう磁力の変化. 4月20日の噴火後，減少していた磁力は回復に向かった.（田中良和氏による）

阿蘇山では前年（一九八九年）の夏に、火山灰や噴石を噴出する活動があった。その後、マグマ噴出をともなうストロンボリ式噴火（第2章4節参照）を経て、中岳火口周辺には多量の火山灰が堆積していた。

一九九〇年二月になると、大雨によって火山灰が火口内に流れ込んだ。火口をふさいで、湯だまりをつくってしまったのである。湯だまりとは、火口底にできた熱水の池のことである。湯だまりができると、見かけ上の火山活動は静穏化したように映ったのである。
しかし、マグマから熱の供給は減っていなかったため、火口直下で熱が蓄積されることとなった。図3―6ではこの現象が、磁力の減少としてとらえられている。

地下ではどんどん熱がこもっているために、爆発を起こすことが予測された。果たせるかな、四月二〇日の夕刻には一連の噴火活動で最も大きなマグマ水蒸気爆発が発生した。

この爆発によって、火口直下に蓄積されていた熱が一気に放出され、湯だまりも吹き飛んでしまった。火口が開放され地上の空気に触れると、火山を構成する周囲の岩石は、一転して冷却されることとなった。

その後、地下のマグマから熱が多量に供給されることもなく、火山をつくっている岩石の温度はもとに戻った。これは磁力の増加が観測されたことと対応している。

電気的な探査

マグマの探査には、電気を使うこともある。地下には微弱な電流が流れている。このような地下の電流を地電流《ちでんりゅう》という。この地電流を多くの地点で測ることで、地下の変化を知ることができるのだ。

地下深部にあったマグマがゆっくりと上がってくると、地下の電流の流れ具合が変わってくる。一般に、高温のマグマは固まった岩石に比べて電気を流しやすい。地電流を測定することによって、間接的にマグマの動きを推測するのである。

実際には、地中に銅やステンレス製の棒を埋めて、これらの間に電圧をかけて電流を流してみる。複数の地点で電流を流してみることで、どこが流れやすくどこが流れにくいかが見えてくる。

電流が流れにくいことを、「抵抗が高い」という。地中の抵抗がどのように分布するかを調べることを、電気探査という。たとえば、抵抗の値が高ければ、地下はまだ固まった岩石の状態であることが分かり、低くなると高温のマグマが上がってきた状態であることが示される。

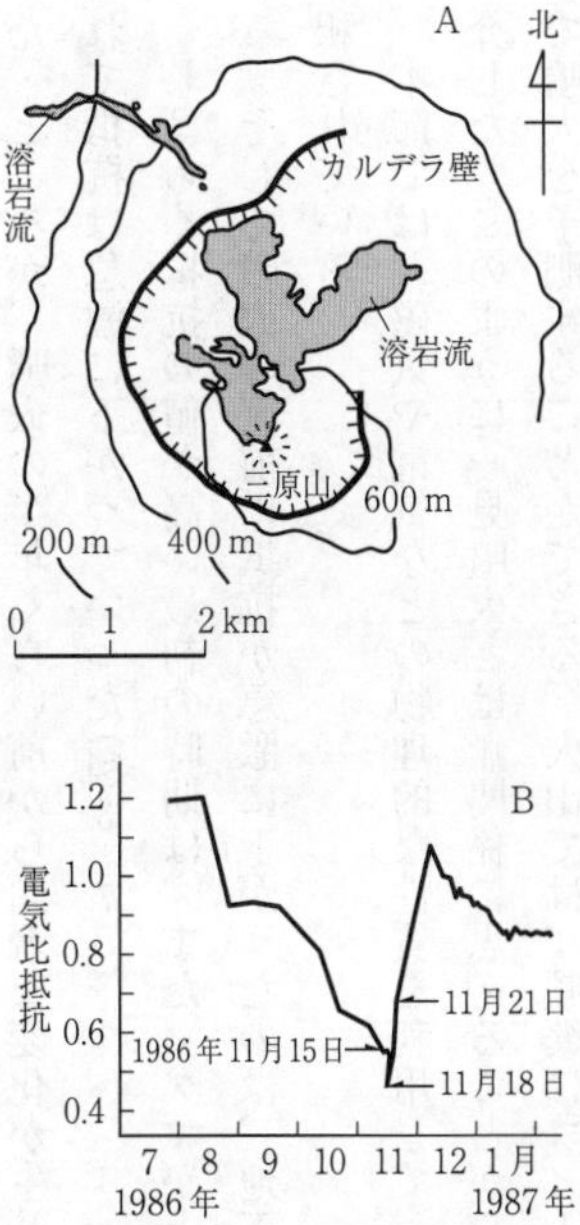

図3-7 伊豆大島の1986年噴火前後の三原山周辺の抵抗(電気比抵抗)の変化.

一九八六年一一月に起きた伊豆大島の噴火では、噴火の前後に山頂の三原山周辺で、抵抗の変化が観測された(図3－7)。火口の直下でやや深い位置の抵抗の値は、噴火が起きる数年前までたいした変化がなかった。ところが、噴火の半年くらい前から顕著な変化が生じ、一一月一八日の噴火が近づくにつれて抵抗は急激に下がっていった（図３－７Ｂ）。しばらく抵抗の値が高い最初の時期は、まだマグマが上がってきていないことを意味している。そして噴火の直前に抵抗が急激に下がったのは、地下のマグマが地上に近づいたためと解釈されている。

本節では、磁気や電気などの物理的な性質を利用して、岩石やマグマの動きを探る方法を紹介した。このように一見噴火とは無関係に思えることがらでも、地下の状態の変化を知ることで噴火を予測することができる。火山では、頻繁にフィールドに出て繰り返して測定することが大事なのである。

火山学は、物質の示すさまざまな性質についての知識を応用して、組み立てられている。一つの観測結果だけでなく、必ず複数のデータを持ち寄って考えてみることで、よりリアルに地下のマグマの実態を描くことが可能になるのである。

4　火山ガスの変化を見る

多くの活火山では火口から白い噴気が上がっているのが見られる。噴気はその九五パーセント以上が水蒸気からなるが、その他のガスも含まれている。たとえば、二酸化炭素(CO_2)、二酸化硫黄《いおう》(SO_2)、硫化水素(H_2S)、塩化水素(HCl)などの気体である。

これらのガスはすべて地下にあるマグマから出たものである。また、水蒸気のうちの何割かも、マグマに由来しているものが上がってきている。これらのガスを現地で採取し測定することによって、火山活動の推移を知ることができるのだ(図3－8)。

図3-8　雲仙普賢岳の平成溶岩ドームで火山ガスを採取している風景.（野津憲治氏撮影）

マグマの中には、その重量の数パーセントほどのガス成分が溶けており、揮《き》発性《はっせい》成分と呼ばれている。マグマに溶け込んでいる揮発性成分の中では、水が最大の割合を占める。マグマの組成にもよるのだが、総じて水が約五パーセント以下くらい溶解していると考えるとよい。

この揮発性成分が地上に出てきたものが、火山ガスである。噴火の前には火山ガスの放出量が変化することが多い。急に噴気が増えてきたのが、肉眼でも観察されることがある。なお、ときどき火山ガスの「濃度」の変化と報道されることがあるが、火山ガスの「放出量」が変化するのである。

さて、火山ガスをくわしく調べてゆくと、二酸化炭素・二酸化硫黄・塩化水素などの噴気に含まれる成分の比率が変わることもある。たとえば、二酸化硫黄の割合が増えてくると、噴気の色が白色から青みがかった有色へと変化が認められる。このように、火山ガス全体の放出量と個々のガスの相対的な比率に関する観測データも、噴火予知に使われる。

火山ガスは、山頂や山腹にある火口から放出されるだけではない。火山体の全体からも、わずかながら火山ガスがゆっくりと滲《にじ》み出ていることがある。くわしい観測の結果、滲み出る総量は、火口から直接放出される量と同じか、もしくはそれ以上の場合もあることが分かってきた。

火山ガスは常時、火山体の全体から拡散的に放出されている。しかし、どの火山でも、またどの活動時期でも、火口からの放出量と同程度というわけではない。火山によって、拡散的な放出がまったくない場合から、火口からの放出量と比べて何桁《けた》も多い場合もある。したがって、火山のもつ個性に対応して、観測計画を立てなければならないのである。

さまざまな火山ガスの測定

火山ガスの測定としては、まず二酸化硫黄の放出量が測られる。また相対的な比率としては、二酸化硫黄／硫化水素の比、塩素／硫黄の比などの測定もよく行われる。

たとえば、群馬県にある草津白根火山の一九七六年噴火では、噴火の一年ほど前から、噴気中の二酸化硫黄／硫化水素比が増加した。また、草津白根や一九八六年の伊豆大島の噴火では、噴火の前に噴気中の水素濃度が増加したことも観測されている。

さらに、二〇〇〇年の三宅島噴火では、山頂に大きな火口が出現してから二酸化硫黄の放出量が急激に増加した。困ったことに、この時から五年以上も大量の二酸化硫黄を放出しつづけているのである。

これらの事例とは逆に、噴火の直前に、二酸化硫黄の放出量が減少する場合もある。たとえば、一九九一年六月に大噴火したフィリピンのピナトゥボ火山では、巨大な噴煙柱をともなったプリニー式噴火（第2章1節参照）が起こる二週間ほど前に、二酸化硫黄の放出量が減ったのだ。

ピナトゥボ火山では、従来にはなかった一日一〇〇〇トンという大量のガス放出が続いていた。放出量は大噴火の一カ月前に一日五〇〇〇〜一万トンを超えるレベルに達したが、その後いったん減少してから大噴火に至ったのである。

この理由としては、ピナトゥボ火山では噴火の直前に、マグマだまりから火山ガスが出てくるプロセスが変化したからではないか、と考えられている。すなわち、何らかの原因で二酸化硫黄ガスの流通が滞《とどこお》ってしまい、放出量の減少につながったと解釈されている。おそらく、火

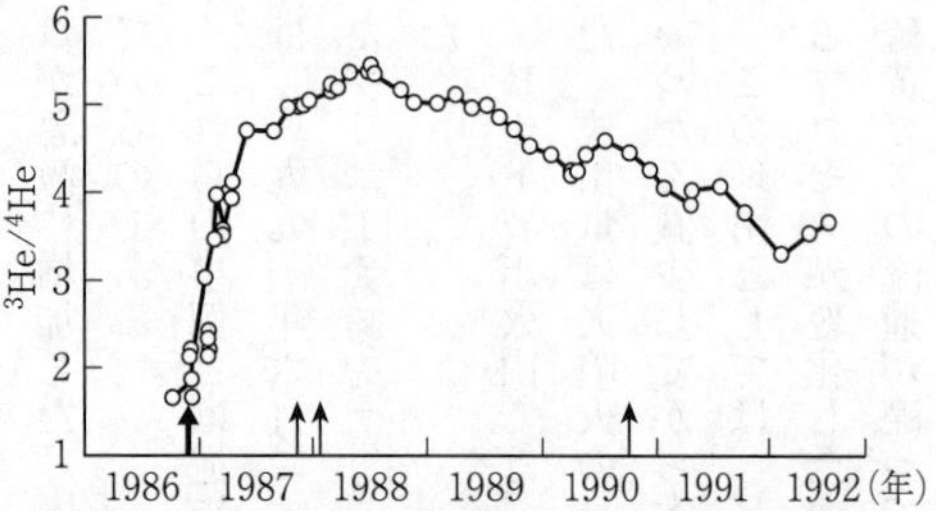

図 3-9　伊豆大島の 1986 年噴火の際に観測された $^3He/^4He$ の変化．図中の矢印は噴火を示す．縦軸は大気中の $^3He/^4He$ (1.4×10^{-6}) の値を 1 単位とする表示法．（兼岡一郎・井田喜明編『火山とマグマ』東京大学出版会による）

道の内部でガス圧は上昇しつづけていたのだが、それが耐えきれなくなったときに大噴火が起きたのであろう。

ピナトゥボ火山の観測で火山ガス放出量の減少が確認されたとき、これが噴火の前兆と解釈され、周辺にいた住民を避難させる根拠の一つに用いられた。火山ガスの観測が噴火の予知に貢献したという好例である。

火山ガスの同位体測定

このほかに、火山ガスに含まれる気体のヘリウム（He）の同位体からも、地下のマグマの動きを知ることができる。ヘリウムはほとんどが、原子量（原子の質量）4である（^4Heと書く）が、原子量3の軽い同位体^3Heがごくわずかに存在する。そしてこれらの同位体比は、マグマの上昇と下降によって顕著に変化するのである。

マグマはもともと地殻の下にあるマントルから上がってくるのだが、マントル起源のヘリウムの^3Heの割合は、地殻よりもはるかに高い値を示す。

この割合を測定することで、噴火の前にマグマが上がってきたことを知ることができるのだ。すなわち、噴気中のヘリウムの同位体比（$^{3}He/^{4}He$ 比という）を連続観測することで、噴火の予知が可能になるのである。

一九八六年の伊豆大島では、噴火口から三キロメートルほど離れた位置で噴気の観測を行っていたのだが、ここでは噴火の後に、$^{3}He/^{4}He$ 比が増加した（図３－９）。

ここで実際の噴火の後に値が増加したのには、次のような意味がある。この観測点は噴火位置からやや離れていたため、ガスが観測点まで移動する時間差の分だけ、少しあとに変化が現れたのである。

５　火山のホームドクター

火山ガスとともに、火山体の出す熱、すなわち放熱量を測定することも噴火予知には役立つ。放熱量は、火山の体温のようなものである。風邪をひいたときに体温計でこまめに熱を測るように、火山の出す熱を連続的に観測することも、火山の状態を知り噴火を予知する上ではたいへん有効である。

地下からマグマが上がってきたときには、火山全体の放熱量も上昇する。たとえば、噴火の数カ月前から噴気の温度が上昇することがある。これは地下の温度上昇として観測されることもある。

噴火口は近づくと危険な場合が多いので、地熱の測定は離れた距離からも行われる。熱を発している場所から放射されている電磁波《でんじは》(赤外線など)を測定するのだ。

赤外線は、私たちがものを見る光(可視光)よりも長い波長の電磁波である。そもそも物体はすべて赤外線を出しており、温度によって出てくる赤外線の波長と強度が異なる。逆に、その赤外線を測定することによって、物体の温度を推定することが可能となるのである。

このような手法の道具が、赤外放射温度計と呼ばれるものである。赤外領域の波長で温度を測る計器である。赤外放射温度計を用いると、地表の温度をスポット的に測定することができる。

また、ある程度の広さをもつ地表の温度を面的に測定する方法もある。赤外映像装置という機器を用いて、地熱の分布を明らかにする。いずれも航空機やヘリコプターから測定するものである。

噴火の前兆現象をつかまえるために、火口底の温度を放射温度計で繰り返して測定することは有効である。噴火が近づくと、最高温度(温度が最も高い地点の温度)が上昇するだけでなく、火口の中で高温域の面積が増えたりする。

火山のホームドクター

一般に、火山ガスや放熱量は、個々の火山によって大きく異なっている。したがって、火山ごとにかなり長期にわたって観測を継続し、データを集める必要がある。普段の状態をよく知っておけば、そこから少しでも違いが認められると、地下の状態が変化したことが突き止められるのである。

実は、火山ガスや放熱量には、日常的にも多少の変動がある。この変動幅を把握していないと、新たなマグマの活動によって観測値が変化したのか、日常的な変化の範囲なのか判別できない。あるいは、測定機器の誤差の範囲という可能性もある。これらについて、少ないデータだけから正しく判断することは難しい。噴火のシグナルを日常のノイズから見分けるためには、長期間くり返し観測することはたいへん重要なのである。

したがって、火山ごとに観測を継続するだけでなく、それらのデータを見て細かく判断する研究者も必要である。いわば活火山ごとにホームドクターがいなければならない。普段のようすをよく見ていれば、少しの異常があってもすぐ気づくことができるからだ。

たとえば、粘りけの少ない玄武岩質のマグマの場合、異常現象が観測されてから数時間のうちに噴火することもまれではない。このような場合は、ホームドクターのように熟知している専門家でなければ的確な判断がむずかしいだろう。なお、観測と判断はふつう同じ研究者によってなされるが、役割を分担する場合もある。

長期観測と臨時観測

噴火の徴候が現れると、臨時に観測機器を増設して観測を開始することもよくなされる。すなわち、新たに地震計や傾斜計を持ち込んで観測地点を増やしたり、観測項目そのものを追加したりして、恒常的な観測を増強するのである。この方法は機動観測とも呼ばれている。時には日本中から専門家が集まり、データの解析や今後の予測を複数の研究者で行う場合もある。

噴火が始まってから火山活動がどのように展開するのかは、専門家にもわからないことが多い。したがって、噴火後は噴火前にも増して、観測を充実させてくわしく調べる必要がある。そこで実際には、噴火が開始してからあとで、継続的に観測する地点や項目の数を増やすことも多い。いったん噴火が始まったら、何年ものあいだ噴火が続くこともあるからだ。

噴火予知は、恒常的な長期観測と短期的に行う臨時観測の両方のデータを用いてなされる。火山活動の変化に応じて、観測のメニューが変わることもある。よって臨時観測ができる機動班を送り込んだり、観測設備を強化したりして、噴火の推移を注意深く見守るのである。

これまで述べてきたように、噴火予知の一部はすでに実用段階にある。正確には噴火予知の五要素のうち、時期と場所については十分な実用段階に達したといってもよいだろう。しかし、様式、規模、推移に関する予知については、今後の研究課題がまだ残っている。

世界自然遺産「知床」の噴火と地震

図3-10　オホーツク海上から見た活火山の知床硫黄山.

二〇〇五年の七月に北海道の知床が世界自然遺産に登録された。ヒグマやシマフクロウなどが生息している美しい最果《さいはて》の地である。ここは、知床硫黄山《いおうざん》や羅臼岳《らうすだけ》などの火山が連なる半島でもある(図3－10)。

知床半島の中央にある知床硫黄山は、明治に入ってから何回も噴火を記録している活火山だ。今でも噴気を上げている場所がある。知床硫黄山の中腹には、一直線上に並ぶ火口がいくつもある。

このような場合、火山学者は火口の下に長い割れ目があると考える。地下に割れ目が生じた弱いところを、マグマが突きぬけて火口群となったのだ。この割れ目は、北海道全体の地盤にかかっている力がつくったものである。

現在、北海道の地下には、太平洋プレートと呼ばれる厚い岩盤がもぐり込んでいる。太平洋から西北西方向に、一年に一〇センチメートルというゆっくりとした速度で押し寄せているのだ。この速度はちょうど爪《つめ》が伸びる速さにあたる。知床の地下にある割れ目は、じわじわとプレートが進む力によってできたと考えられている。

一方、北海道に沈み込んでいるプレートは、大きな地震を起こしてきた。たとえば、一九六八年の十勝沖地震（マグニチュード七・九）や一九七三年の根室半島沖地震（同七・四）は、その代表例である。千島海溝に沿って十勝沖や根室沖で起きる地震で、北海道にしばしば被害をもたらしてきたものだ。

このような地震と知床硫黄山の噴火が、互いに関連しているという説がある。大きな地震の前に噴火が起き、地震が起きると噴火が止むという傾向が見られるからだ。

プレートが北海道を押している力が、地下でひずみをつくり出す。これがマグマをしぼり出して、あるとき噴火を起こすのだ。ちょうどマヨネーズのチューブをしぼり出すような感じである。

その後、大きな地震が発生して、地下のひずみが解放される。すると、マグマを押し出した力がなくなるので、噴火が止む。まだ定説となってはいないのだが、地震と噴火がこのように連動するという考え方は、たいへん興味深い。

世界自然遺産に登録された知床半島には、美しい自然がそのまま残されている。ここには、生きものに限らず地球科学の上でもたくさんの不思議がある。

第4章
噴火が始まったらどうするか

江戸時代に起きた浅間山の天明噴火の絵図．軽井沢の宿場に焼け石が降りそそぐようすを描いている．『浅間山焼昇之記』より．（美斉津洋夫氏蔵）

火山の地下で噴火への兆候が現れると、市民に向けて情報が流される。噴火を起こしそうな個々の火山に対して、火山活動を扱う国の機関である気象庁は、ほぼ常時観測を行っている。異常な現象がとらえられるとすぐに、これらの情報は東京大手町にある気象庁本庁に伝えられる。地下でマグマが本格的に動きだす前に、火山の専門家たちは動きだすのだ。

すべての火山に対して、同じようなレベルで観測がなされているわけではない。近くに人が住み頻繁に噴火を起こすような活火山は当然手厚く、多くの項目で監視されている。火山のすぐそばに、大学が設置した研究目的の火山観測所が置かれている場合もある。いわば、集中治療室にいる活火山から、年一回の人間ドックさえ行われていない活火山まで、いろいろあるのだ。

噴火の兆候が現れると、常設されている火山の観測施設とは別に、地震や地殻変動あるいは火山ガス観測などの機動観測班が出動する。いわば、人間ドックで悪いところが見つかってからくわしく調べるという感じである。噴火の兆候をとらえる上では、くり返して検診することが大切であることも、人間ドックと似ているだろう(第3章5節参照)。

火山の噴火では、異常が見つかってからでも、災害への対策はたいていの場合は十分に間に合う。これに対して、阪神・淡路大震災を引き起こしたように、地震は突然起きるのでこうはうまくいかないのが現状だともいえよう。

まず、噴火の可能性のある火山から説明してみよう。

1　活火山のランク分け

噴火の起きそうな火山は、活火山《かっかざん》と呼ばれているものである。活火山に関して二〇〇三年の一月、気象庁と火山噴火予知連絡会が、活火山の見直し結果を発表した。火山噴火予知連絡会とは、火山現象についての総合判断を行う火山学者たちの集まりで、新しいデータを用いて活火山を認定し直そうとしたのである。

これまで活火山の定義は、「過去およそ二〇〇〇年以内に噴火した火山、および現在活発な噴気活動のある火山」とされていた。この見直しで、「一〇〇〇〇年以内に噴火」という定義を、「一万年以内に噴火」へ拡張することとなった。過去一万年くらいは見ておかないと、噴火する可能性のある火山を見落とす恐れがあるからである。一万年という数字は、活火山の定義の国際標準でもある。

改訂作業には私も参加したのだが、今回新たに二〇個ほどの活火山が追加され、日本の活火山の総数は除夜《じょや》の鐘と同じ一〇八個に増えた(表4-1)。

それと並行して、活火山をその活動度に応じてA、B、Cの三ランクに分けることとなった。なお、ランク分けには、二つの基準が用いられた。すなわち、一万年以内の長期的な噴火履歴と、一〇〇年以内の短期的な観測データである。

この両者について別個に活動度を検討し、それぞれの火山に点数をつけて総合的に判断したのである。この結果、たとえば桜島火山はAランク、富士山はBランク、新しく追加された御《み》蔵島《くらじま》や利島《としま》などはすべてCランクとなった。

ランク分けされた火山

Aランクの火山は、短期的な活動度と長期的な活動度がともに高い一三の火山である。Aランクの火山は特に噴火活動が活発な火山であり、すでに常時観測されている。そのうち、桜島、浅間山、伊豆大島、雲仙岳、有珠山、阿蘇山などには、火山活動を専門に調べる火山観測所が置かれている。

目安としては、桜島や浅間山のようにかつて大きな噴火をくり返し、最近でも活発な活動を行っている火山がAランクに選ばれている(本章扉図参照)。今でも山頂で登山規制が敷かれていることがある。

Bランクの山には富士山・箱根山・那須岳・磐梯《ばんだい》山・九重《くじゅう》山・霧島山など、次に活動的な山が入っている。Bランクの火山も常時観測が必要な火山であり、何らかの監視が行われている。

富士山がBランクになったのは、意外に思うかもしれない。富士山は三〇〇年間活動がないので、短期的な活動度が低いからである。しかし、長期的に見ると富士山は大きな噴火災害を起こしてきた歴史をもっており、防災への特段の配慮が必要な火山である。

新しく追加された活火山は、すべてCランクになった。しかし、Cランクといっても、何もしないで見ていればよいわけではない。いずれも一万年以内に噴火した経歴があるので、これから噴火する可能性が十分ある山なのである。今は噴気を出していなくても、地下のマグマの状態を監視する必要がある。

Cランクの活火山に対しては、日本全国に地震予知のために張りめぐらされている観測システムを活用できる。たとえば、防災科学技術研究所の地震観測網(Hi-net)や、国土地理院の地殻変動観測網(GEONET)が用いられる。幸い、火山の近くに観測点がある場合には、火山活動のはじまりに地下深くで起きる地震や地面の動きを、これで捕まえることができるというわけだ。その後にも活動が進んだ場合には、臨時観測ができる機動班が出向いて調査にあたる。

一方で、Cランクの火山の多くは、地震観測網や地殻変動観測網の観測点から遠いので、やや大きな地震でも起こらないかぎり、火山の地下で異常が起きたことを知るのは困難である。

表4-1 日本の活火山の一覧

1 知床硫黄山《しれとこいおうざん》(北海道) B	37 那須岳《なすだけ》(栃木県) B	73 北福徳堆《きたふくとくたい》(東京都)
2 羅臼岳《らうすだけ》(北海道) B	38 高原山《たかはらやま》(栃木県) C	74 福徳岡ノ場《ふくとくおかのば》(東京都)
3 摩周《ましゅう》(北海道) B	39 日光白根山《にっこうしらねさん》(栃木県) C	75 南日吉海山《みなみひよしかいざん》(東京都)
4 アトサヌプリ(北海道) C	40 赤城山《あかぎさん》(群馬県) C	76 日光海山《にっこうかいざん》(東京都)
5 雌阿寒岳《めあかんだけ》(北海道) B	41 榛名山《はるなさん》(群馬県) B	77 三瓶山《さんべさん》(島根県) C
6 丸山《まるやま》(北海道) C	42 草津白根山《くさつしらねさん》(群馬県) B	78 阿武火山群《あぶかざんぐん》(山口県) C
7 大雪山《たいせつざん》(北海道) C	43 浅間山《あさまやま》(群馬県・長野県) A	79 鶴見岳《つるみだけ》・伽藍岳《がらんだけ》(大分県) B
8 十勝岳《とかちだけ》(北海道) A	44 横岳《よこだけ》(長野県) C	80 由布岳《ゆふだけ》(大分県) C
9 利尻山《りしりざん》(北海道) C	45 新潟焼山《にいがたやけやま》(新潟県) B	81 九重山《くじゅうさん》(大分県) B
10 樽前山《たるまえさん》(北海道) A	46 妙高山《みょうこうさん》(新潟県) C	82 阿蘇山《あそさん》(熊本県) A
11 恵庭岳《えにわだけ》(北海道) C	47 弥陀ヶ原《みだがはら》(富山県) C	83 雲仙岳《うんぜんだけ》(長崎県) A
12 倶多楽《くったら》(北海道) C	48 焼岳《やけだけ》(長野県・岐阜県) B	84 福江火山群《ふくえかざんぐん》(長崎県) C
13 有珠山《うすざん》(北海道) A	49 アカンダナ山《やま》(長野県・岐阜県) C	85 霧島山《きりしまやま》(宮崎県・鹿児島県) B
14 羊蹄山《ようていさん》(北海道) C	50 乗鞍岳《のりくらだけ》(長野県・岐阜県) C	86 米丸《よねまる》・住吉池《すみよしいけ》(鹿児島県) C
15 ニセコ(北海道) C	51 御嶽山《おんたけさん》(長野県・岐阜県) B	87 若尊《わかみこ》(鹿児島県)
16 北海道駒ケ岳《ほっかいどうこまがたけ》(北海道) A	52 白山《はくさん》(石川県・岐阜県) C	88 桜島《さくらじま》(鹿児島県) A
17 恵山《えさん》(北海道) B	53 富士山《ふじさん》(山梨県・静岡県) B	89 池田《いけだ》・山川《やまがわ》(鹿児島県) C
18 渡島大島《おしまおおしま》(北海道) B	54 箱根山《はこねやま》(神奈川県・静岡県) B	90 開聞岳《かいもんだけ》(鹿児島県) C
19 恐山《おそれざん》(青森県) C	55 伊豆東部火山群《いずとうぶかざんぐん》(静岡県) B	91 薩摩硫黄島《さつまいおうじま》(鹿児島県) A

20 岩木山《いわきさん》(青森県) B
21 八甲田山《はっこうださん》(青森県) C
22 十和田《とわだ》(青森県・秋田県) B
23 秋田焼山《あきたやけやま》(秋田県) B
24 八幡平《はちまんたい》(岩手県・秋田県) C
25 岩手山《いわてさん》(岩手県) B
26 秋田駒ケ岳《あきたこまがたけ》(秋田県) B
27 鳥海山《ちょうかいさん》(秋田県・山形県) B
28 栗駒山《くりこまやま》(岩手・宮城・秋田県) B
29 鳴子《なるこ》(宮城県) C
30 肘折《ひじおり》(山形県) C
31 蔵王山《ざおうざん》(宮城県・山形県) B
32 吾妻山《あづまやま》(山形県・福島県) B
33 安達太良山《あだたらやま》(福島県) B
34 磐梯山《ばんだいさん》(福島県) B
35 沼沢《ぬまざわ》(福島県) C
36 燧ケ岳《ひうちがだけ》(福島県) C
56 伊豆大島《いずおおしま》(東京都) A
57 利島《としま》(東京都) C
58 新島《にいじま》(東京都) B
59 神津島《こうづしま》(東京都) B
60 三宅島《みやけじま》(東京都) A
61 御蔵島《みくらじま》(東京都) C
62 八丈島《はちじょうじま》(東京都) C
63 青ケ島《あおがしま》(東京都) C
64 ベヨネース列岩《れつがん》(東京都)
65 須美寿島《すみすじま》(東京都)
66 伊豆鳥島《いずとりしま》(東京都) A
67 孀婦岩《そうふがん》(東京都)
68 西之島《にしのしま》(東京都) B
69 海形海山《かいかたかいざん》(東京都)
70 海徳海山《かいとくかいざん》(東京都)
71 噴火浅根《ふんかあさね》(東京都)
72 硫黄島《いおうじま》(東京都) B
92 口永良部島《くちのえらぶじま》(鹿児島県) B
93 口之島《くちのしま》(鹿児島県) C
94 中之島《なかのしま》(鹿児島県) B
95 諏訪之瀬島《すわのせじま》(鹿児島県) A
96 硫黄鳥島《いおうとりしま》(沖縄県) B
97 西表島北北東海底火山《いりおもてじまほくほくとうかいていかざん》(沖縄県)
98 茂世路岳《もよろだけ》(北方領土)
99 散布山《ちりっぷさん》(北方領土)
100 指臼岳《さしうすだけ》(北方領土)
101 小田萠山《おだもいさん》(北方領土)
102 択捉焼山《えとろふやけやま》(北方領土)
103 択捉阿登佐岳《えとろふあとさぬぷり》(北方領土)
104 ベルタルベ山《さん》(北方領土)
105 ルルイ岳《だけ》(北方領土)
106 爺爺岳《ちゃちゃだけ》(北方領土)
107 羅臼山《らうすさん》(北方領土)
108 泊山《とまりやま》(北方領土)

ランクA：活動度がとくに高い，B：活動度が高い，C：活動度が低い．ただし，海底火山や北方領土の火山については，陸上の火山と同等のランク分けを行うには，データが不足していることから，ランク分けの対象とはしていない。なお，都道府県名が書かれていない火山は，海底火山もしくは岩礁を表す．

このような火山では、噴火が始まってからようやく気がつくという場合も多いだろう。

ランク分けの根拠となったデータは、火山活動の変化によって変わる。よってランクは固定的ではなく移動しうるものである。たとえば、一九九一年の噴火で大きな被害をもたらした雲仙普賢岳は、噴火前に同じ採点をしたらBランクとなっていたはずである。約二〇〇年ぶりの噴火で火山灰や火砕流を出したために、一気にAランク入りしたのである。このように、Bランクや Cランクの火山でも、いったん噴火をしたらランクが上がるはずである。

新しく認定された活火山は、一〇年くらいの経過をおいて見直すことになっている。火山学の進歩とデータの蓄積に応じて、改訂してゆくのだ。今回発表になった資料をもとに、自治体や行政機関が、個々の火山に対する防災体制を整えてゆくことが期待されている。

2 活動中の火山のレベル化

浅間山、伊豆大島、阿蘇山、雲仙岳、桜島など活動度の高い火山では、火山の情報がレベル化されている。これは火山活動度レベルと呼ばれる。火山活動の状態がどのくらい激しいのか、穏《おだ》やかなのか、の目安を数字で示すことにしたのだ。火山活動度レベルは、火山周辺に住んでいる住民や自治体に対して、防災対応の必要があるかどうかを具体的に表すものである。

気象庁は発表する火山情報の中に、火山活動度レベルを盛り込んでいる。各々の火山の現在の状態に加えて、これまで起きてきた噴火の形態を判断しながら、各火山の火山活動度レベルが随時決定される。すなわち、噴火の推移に応じてどんどん変わっていくのが、火山活動度レベルなのだ。

その区分けを一つずつ見てみよう。いちばん危険な状態を表すレベル5は、「極めて大規模な噴火活動等」と表現されている。火山周辺の居住地域だけでなく、広い範囲に甚大《じんだい》な災害を及ぼすような噴火が切迫している状況にある。レベル5になると大規模な噴火活動が予想されるので、広域の警戒が必要である。

次のレベル4は、「中～大規模噴火活動等」の状態である。火山の周辺地域には重大な被害をもたらす噴火が予想される。したがって、火口からかなり離れた地域にも影響がある可能性があり、警戒が必要である。

レベル3は「小～中規模噴火活動等」となっている。火山周辺の居住地域に影響を及ぼすような噴火が予想される状態といってよい。したがって、レベル3になれば、火山活動の変化には十分に注意する必要がある。

レベル2は「やや活発な火山活動」と書かれている。たとえば、火口のすぐ近くでは生命に危険が及ぶような噴火が起きるが、火口から離れた場所では火山活動の状態を見守っていく程度の注意でよい。

レベル1は「静穏な火山活動」にある状態を言う。基本的には、噴火の兆候はなく、定常的な活火山の状態であることを示す。

たとえば、活火山の定義には、「現在活発な噴気活動のある火山」とあるので、噴気を盛んに上げている状態の活火山は、最低限レベル1にあることが多い。

さらに、活動度レベルは、それぞれの火山に即して具体的に定義されている。というのは、火山ごとに噴火のタイプが異なるからである。すなわち、起きる事象がちがってもどういう影響があるかという点に対して、レベルが決められているのだ。

図4-1　浅間山からたなびく噴煙．（2004年10月7日）

たとえば、同じレベル3でも、伊豆大島では「山頂火口でストロンボリ式噴火、溶岩が火口を満たした場合は、カルデラ内に流下する可能性がある」とある。

これに対して、浅間山のレベル3は、「山頂火口から二～三キロメートル程度以内まで、噴石を飛散したりごく小規模な火砕流を伴う噴火もあり得る」と書かれている(図4－1)。

これが桜島火山になると、同じレベル3でも、「山麓で火山礫《れき》等の降下の可能性がある。風下側では降灰の可能性がある」である。さらに雲仙普賢岳では、「小〜中規模噴火により山頂付近に噴石等が飛散する可能性がある」となる。

このように同一レベルでも、火山ごとにかなり内容が異なることには、注意が必要である。また、これらの情報は、火山の状態に応じて、随時改訂されている。なお、行政や住民にすぐに伝わるように、インターネットでも公開されている。

レベル分けの具体的イメージ

ここで、具体的にどのような噴火が起きるのか、東京にも近い伊豆大島で見てみよう。

レベル5の伊豆大島火山の状態では、大量のマグマが上昇し、全島に影響が及ぶ大規模な噴火が発生する。この結果、噴出物の影響が全島に及ぶ可能性がある。たとえば、江戸時代の末期に起きた安永《あんえい》噴火は、レベル5であった。

レベル4は、中規模噴火が発生する状態で、溶岩がカルデラ外に流出し、噴石もカルデラ外に飛散する噴火である。伊豆大島には直径四キロメートルの内側が陥没したカルデラがある。一万人が全島避難した一九八六年の山頂付近の割れ目噴火は、レベル4(もしくはレベル5)に当たる(口絵カラー写真①および拙著『地球は火山がつくった』(岩波ジュニア新書)参照)。

レベル3は、山頂火口で小規模な噴火が起きる状態をいう。具体的には、火山性微動（第3章1節参照）が増加したり、山頂を震源とする浅い地震が多発する。さらに、新たな噴気も発生し、火映《かえい》現象が起きるような状態である。なお、火映現象とは、火口の下にある高温のマグマが夜間に火口の上空を赤く照らすことをいう。また、噴石の飛来はカルデラ内に限定されると考えられる。具体的には、一九八六年の大噴火以後に起きた噴火、すなわち一九八七年、一九八八年、一九九〇年などの小噴火がレベル3に当たる。

レベル2は、やや活発な火山活動である。小さな火山性微動や火山性の地震が起き、マグマ上昇のきざしがあるような状態である。このレベルは噴火活動への準備段階とも考えられる。一九八六年四月に地震が多発したことや、同年七月の火山性微動が始まったことが、レベル2に当たる。

レベル1は、静穏な火山活動期の姿である。火山性地震は発生しても継続しない。また、火山性微動も発生しないか、発生しても低頻度である。しかし、山体のごくわずかな膨張が長期間にわたって観測されることもある。いずれにせよ、噴火の可能性は低いと考えてよい。一九八六年の大噴火が起きる前の一〇年間ほどの状態が、レベル1に当たる。

気象庁は二〇〇三年一一月に、火山活動度レベルに関する情報の提供を、もっとも火山活動の活発な五火山から始めた。すなわち、浅間山、伊豆大島、阿蘇山、雲仙岳、桜島である。

その後、二〇〇五年二月から、次に活発と考えられる七火山を加えて、一二火山に対して提供を開始した。吾妻山、草津白根山、九重山、霧島山（新燃岳《しんもえだけ》、御鉢《おはち》）、薩摩硫黄島、口永良部《くちのえらぶ》島、諏訪之瀬《すわのせ》島である。気象庁はこれ以外の火山についても、今後随時火山活動度レベルの提供を増やしていくことを検討している。

なお、火山活動度レベルを提供している火山の名前と現在の活動状況は、気象庁のホームページで常時公開されている。

さらに、内閣府・気象庁・自治体等は、火山情報と防災対策を効果的に結びつける方策を模索しており、これまで公表されてきた火山活動度レベルの内容が、改訂される予定である。

新しいレベル設定の考えかた

現在、上に述べた火山の噴火規模に着目した火山活動度レベルに対して、新たに防災対策の必要度に対応する警報レベルを設定しようという考えがある。すなわち、自然現象に重きを置いたいわゆる「理科的」な火山活動度レベルとは異なり、地域防災の観点から「住民の危険度」を加味した警報レベルを、気象庁が発表することになる。

たとえば、火口に近い所に住宅地があるような火山では、規模から見て小さい噴火であってもただちに避難が必要になるということもあり得る。したがって、新しいレベルに応じた具体的な防災対応が、地域防災計画に書き込まれることにもなるだろう。

なお、桜島や浅間山についていえば、これまでの火山活動レベル3の火山現象と、今後設定されることになる防災上のレベル3を出すことになる火山現象は、ほぼ同じと考えてよい。新しいレベルの名前は、これまでの火山活動度レベルとの混乱を避ける意味で、火山や活動度という言葉を外した「噴火警戒レベル」となる予定である。改訂結果はいずれも気象庁のホームページで公表される。

気象庁の火山情報

噴火が起きると、火山の近くに住む住民や自治体向けに、さまざまな火山情報が気象庁から出される。気象庁の火山監視・情報センターでは、常時観測している火山から自動的に送られる観測データを、担当者が二四時間態勢で監視している。このセンターは現在、札幌、仙台、東京、福岡の四都市に置かれている。

もし火山の活動状況に何らかの変化が生じた場合には、火山情報が夜中でも発表される。同時に、火山情報はただちに火山周辺にある自治体、防災機関、報道機関に送られる。これらを通じて、できるだけ速く住民・観光客へ伝達されるようなシステムがすでに作られている。

火山監視・情報センターが伝える火山情報には、緊急火山情報・臨時火山情報・火山観測情報の三つがある。もし噴火が激しくなると、より強い規制を求める情報に置き換えられるのだ。緊急火山情報と臨時火山情報は、いずれも気象情報と似ている。それぞれ、大雨や強風などの際に出される警報と注意報に相当する。また、火山観測情報は、週間天気予報に似たものと考えてもよいだろう。

いちばん緊急度の高い緊急火山情報は、火山現象による災害から人の生命及び身体を保護する必要がある場合に発信される。これは重大な噴火が差し迫っていることを意味している。

緊急火山情報が出ると、自治体の首長はたいていの場合、危険な地域の住民に避難勧告を発令する。これにより、住民は指定された避難場所へ避難することとなる。

なお、気象庁には、規制をともなう火山情報を出す権限も義務もない。法律では、規制を行うのは自治体の首長であると決められている。ただし、気象庁が「緊急火山情報」を出した場合には、気象庁長官は都道府県の知事へただちに通報することが義務づけられている。

ちょっとややこしい話のようだが、噴火の前にこのような権限と情報の流れを把握しておくと、いざ噴火が起きても戸惑うことが少ないだろう。

二番目の臨時火山情報は、火山災害について防災上の注意を喚起するために出されるものだ。これによって、火口付近への立ち入りを禁止する規制が敷かれたり、役場や防災機関が来たるべき噴火に備えて準備を始めたりする。

三番目の火山観測情報は、今まで静かだった火山に変化が現れはじめたときに出される。臨時火山情報を補完する役割もあり、これが出されると火山活動の変化に多くの人の注目が集まる。なお、火山観測情報は、定期的に出されるものではない。しかし、いったん活動が顕在化しはじめると、毎日のように出される。

緊急火山情報、臨時火山情報、火山観測情報のいずれも、発令されれば時間を置かずにテレビ・ラジオ等の報道だけでなく、気象庁のホームページに掲載される。したがって、火山の状態が気になるときには、夜中でも最新の情報を得ることができる。

3 噴火の終息までの長い道のり

火山の噴火では、噴火が山場を越えたあとに、終息宣言を出すのがたいへんにむずかしい。避難している人たちの安全を確保しながら、いつ戻ってもらうかの判断には、さまざまな要素が複雑にからむからである。

終息宣言の出しかたは、火山によってまったく異なるというのが現状である。それは、すべての火山ではそれぞれ噴火の様式と推移が異なることに起因する。噴火レベルの数字が下がってから、その時点で避難を段階的に解除してゆく。そして最終的に終息宣言を出してゆくのが、一般的である。

実は、ここには何か共通の基準があるわけではない。最終的には、火山噴火予知連絡会が事実上の終息宣言を行うのだが、専門家の間でも意見が一致しないことはよくある。得られるデータを総合判断してやっと、終息という結論に至るからだ。これが決まる前には、火山学者の間で長い時間をかけて議論がくり返されるのが通例である。

現実の噴火ではさまざまなケースがあり、一様にはいかない。伊豆大島の一九八六年の噴火では、割れ目噴火の直後、ただちに島民は東京都区部などに避難した。それから一カ月後に全員帰島したが、終息宣言が出されたわけではなかった。

また、一九九〇年から始まった雲仙普賢岳の噴火では、火砕流が断続的に出つづけて、終息宣言まで四年半もかかった。終息宣言が出るまでには、社会的、経済的、政治的な状況までも考慮しながら、かなり複雑な判断が求められたのである。

では、終息宣言がどのような状況になってから出されてきたのか、近年噴火した二つの火山の事例で見てみよう。

有珠山の二〇〇〇年噴火――噴火予知の成功例

有珠山では二〇〇〇年噴火の直前に、火山性の群発《ぐんぱつ》地震が発生しはじめた。この情報は、噴火が始まる三日前の三月二八日に、最初の火山観測情報として出された。その後、地震の数は急速に増えたあと、減少に転じてきた。

有珠山では、火山性の地震が減った直後に、噴火を起こしてきたという歴史がある。このことから、有珠山はいつ噴火してもおかしくない状態にある、と判断された。

三月二九日には緊急火山情報が出された。山頂や山麓には、しだいに地割れや断層ができはじめた。三月三一日の午後一時過ぎ、ついに有珠山は噴火を開始した。二三年ぶりの噴火であった。

最初に白煙を噴出したあと、黒い噴煙を火口の真上に五〇〇メートルほど噴き上げた。最終的に噴煙は風下で三五〇〇メートルの高さまで立ちのぼったのである（図4－2）。激しいマグマ水蒸気爆発であった。

噴火は最初の数日でピークを迎え、そのあとはしばらく停滞状態が続いた。複数あった火口のうち、水蒸気爆発を頻繁にくり返す火口は限定されてきた。

有珠山のマグマは、デイサイトという粘性のかなり高いマグマからなる。粘性が高いという性質は、無理やり地面を押し上げたような地形をつくるということである。そのため、これまでの噴火では、溶岩ドームと言われるお椀《わん》を伏せたような典型的な凸《とつ》の地形を多く残している。

有珠山では、マグマが地上に供給されている間は、地面が膨《ふく》らみつづける。しかし、供給が止むと、地面は沈降に転ずるのである。これを反転現象といい、地下のマグマがもう出なくなったことを示す重要なサインとされる。ときにはマグマは、再び地下へ少しずつ戻ってゆくこともある。有珠山における反転現象は、噴火の終息へ向けての大事なターニングポイントと考えられている。

二〇〇〇年の事例では、噴火が始まってから約五カ月もの間、非常にゆっくりと地面の隆起が続いていた。このことは、マグマが貫入しつづけていることを意味する。有珠山の地下では、既存の岩石を押し広げるように割れ目をつくりながら、マグマがゆっくりと入り込んでいたのである。

図 4-2　2000 年 3 月 31 日の有珠山の噴煙．災害対策用ヘリコプター「ほっかい」による撮影．(北海道開発局提供)

そして八月になって、やっと山体の隆起が止まり、沈降に転じはじめた。ここから専門家にとって、いつ住民へ噴火の終息宣言を出すかという問題が始まった。「噴火予知の五要素」の中にある「噴火の推移」の項目としての、最後の大仕事である。

二〇〇一年五月、火山噴火予知連絡会は有珠山直下のマグマ活動の終息宣言を出した。しかし、小規模の水蒸気爆発と地熱活動はしばらく継続する可能性がある、と指摘し、今後のさらなる注意も喚起した。

この終息宣言によって、有珠山周辺の復興が一気に加速した。新しく災害に強い地域を興す街作りが始まったのだ。このように、十分な観測態勢をもち、その結果初期の噴火予知に成功したとされる有珠山でも、噴火開始後一年半ほどたってから正式な終息宣言が出たのである。

図 4-3　三宅島の噴煙を見つめる住民.（坂上由香氏撮影）

三宅島の二〇〇〇年噴火——二五〇〇年ぶりのカルデラ形成

二〇〇〇年六月に噴火を開始した三宅島（図 4‐3）の場合、噴火開始から五年たった二〇〇五年二月に住民はやっと帰島することができた。しかし、現在（二〇〇七年）でも高濃度の二酸化硫黄ガスが出つづけており、噴火の終息宣言はまだ先のことだろうと考えられている。

三宅島では一九四〇年、一九六二年、一九八三年とほぼ規則的に、似たような噴火が起きていた。最近数十年のあいだには、山麓や山頂から溶岩流を出しスコリアを降らせる噴火が、二十数年ごとに起きてきたのだ。

しかし、二〇〇〇年には、これらとは様相のまったく異なる噴火が発生した。雄山《おやま》の山頂に、差し渡しが一・六キロメートルもある大きな穴ができたのである（図4-4）。まさにカルデラ（第1章4節参照）と呼んでもよいような巨大な陥没地形だ。ここから、火山灰や火山弾、さらに「低温の火砕流か？」と言われた火砕流までが噴出した。

図4-4　三宅島の雄山山頂にできた火口（またはカルデラ）.（2000年9月18日に大島治氏撮影）

なお、この火砕流は末端が低温であったというだけで、噴出源近くでも低温であった証拠はない。噴出源近くで発生した噴煙の録画映像を見ると、すさまじい上昇気流の渦《うず》が観察される。おそらく通常の高温で危険な火砕流が発生していたのではないか、と考えられている。

さて、三宅島でカルデラを生じるような噴火は、実は二五〇〇年ほど前にも起きている。くわしい地質調査の結果、このような大昔の噴火が地層の中に記録さ

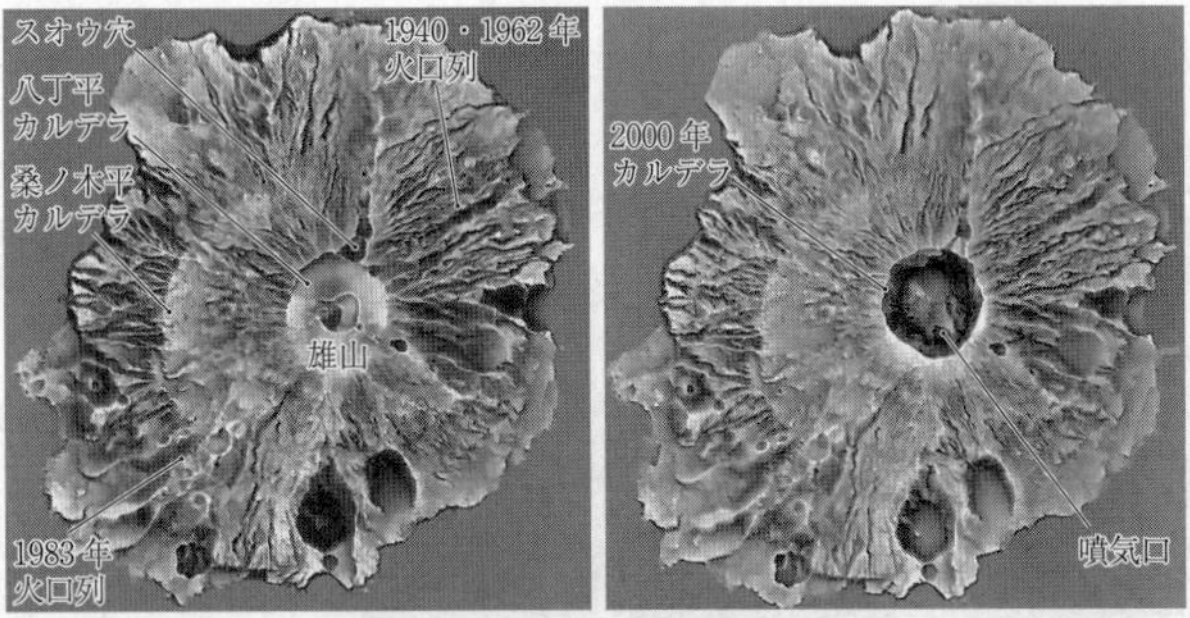

図4-5　三宅島の2000年噴火前(左)と後(右)の地形の変化.（千葉達朗著『活火山 活断層 赤色立体地図でみる 日本の凸凹』, 技術評論社による）

れていたことが分かったのだ。

二五〇〇年前のカルデラ噴火

三宅島では二五〇〇年前にも、山頂に直径一・六キロメートルの大きなカルデラができた（図4－5）。これは八丁平《はっちょうだいら》カルデラと呼ばれており、産業技術総合研究所が発刊した地質図にも描かれている。

すなわち、西暦二〇〇〇年の噴火は、何千年ぶりにカルデラをつくるようなタイプの特異な噴火だったのだ。最近数十年の間に経験してきた噴火とはまったく異なる噴火に、たまたま我々の時代の人間が遭遇したというわけである。

このような場合には、今後の噴火を予測することがとたんにむずかしくなる。噴火の推移は、実際の観測例や古文書など人間の記録から判断することが多いのだが、これができない。

そういう場合には、地層に残された火山灰や溶岩から、推察するしか手がないのだ。地上で手に入る物質だけを見て、どのような噴火が起きてきたかを想像する地質学の登場である。

堆積物をていねいに観察した結果、二五〇〇年前には、三宅島の山頂あたりからマグマ水蒸気爆発をくり返していたことが判明した。マグマ水蒸気爆発(第２章７節参照)に特有の火山灰とスコリアからなる厚い地層が見つかったからである。

マグマ水蒸気爆発を起こすためには、火口に大量の水が必要である。水がマグマに接触できるようになって初めて爆発が起きるからだ。したがって、八丁平カルデラにはかなりの量の水が存在したことが推定される。現在の山頂には大きな穴が開いているだけだが、いずれここにもっと水が溜《た》まって池が成長する可能性がある。すなわち、カルデラ湖の誕生である。

今後の予測

将来の噴火が、二五〇〇年前の八丁平カルデラ形成直後と同じような経過をたどるとすると、次のようなシナリオに沿って起きるのではないかと火山学者は考えている。

地下でマグマの動きが活発になり、熱が上昇してくると、最初に水蒸気爆発を起こすだろう。噴気を激しく出すだけでなく、細かい火山灰を含む噴煙を噴き上げるのである。その後噴火の規模が大きくなると、底に溜まった泥を噴出したり、火山灰を遠くまで飛ばしたりする。

さらに、カルデラ湖の下からマグマが上がってくると、ここからマグマ水蒸気爆発が始まる。おそらく、新しいマグマの破片が入った火山灰を降らせるのではないか。水蒸気爆発からマグマ水蒸気爆発への移行は、降ってきた火山灰を細かく調べていくことで確認できる（第2章7節参照）。

山頂にカルデラ湖ができるような状態になると、マグマ水蒸気爆発は何十年もの間、起きたり止んだりするかもしれない。多くの場合は、噴煙とともに少量の火山灰を風下に降らせるだろう。

しかし、マグマの活動が盛んになると、火砕サージと呼ばれるある種の火砕流を出す恐れもある。火砕サージは激しいマグマ水蒸気爆発にともなって発生することがあり、強い破壊力をもっている。今後の三宅島でも可能性がゼロではないことは、考えておいた方がよい。

ここに述べたような噴火が、二五〇〇年ほど前に八丁平カルデラが形成された後、カルデラ内が後の噴出物で満たされるまでの間に起きていたようだ。地質学の判断からは、似たような状況は今後数十年の間に起きる可能性があると予想される。

なお、三宅島では大きなカルデラ湖はできにくい、という考えも研究者から出されている。というのは、山体が水を比較的通しやすいガサガサした構造をしており、この数年間の山頂火口への水の溜まり具合がそれほど早くないからである。よって、将来を予測するためには、カルデラ湖の水底の変化も注意深く観察しなければならない。

現在、三宅島にはかなり稠密《ちゅうみつ》な観測網が敷かれている。したがって、寝耳に水というようにマグマが不意打ち的に襲ってくることはないだろう。地下で活動が活発になってきた場合には、何らかの兆候を事前にキャッチし、突発的な被害は食い止められるはずである。

むしろ心配なのは、二酸化硫黄ガスによる長期間にわたる被害である（第１章６節参照）。現在出ている二酸化硫黄は、まだ地下に残っている大量のマグマから供給されている。この全量からすべて二酸化硫黄を出し尽くすには、長い場合には数十年の時間がかかると予想される。二酸化硫黄の放出量は、今でも一日あたり二〇〇〇トンを超えるような状態が依然として続いている。ガスの量は、増えたり減ったりをくり返しながらも徐々に減少していくはずだが、放出が止むことはしばらくないのではないか。

たとえば、一九五五年から噴火をくり返している桜島では、最近の観測では毎日二〇〇〇トン程度の二酸化硫黄を出しつづけている。桜島では、終息宣言が出されるような状況にはないのも事実である。三宅島でも、恒常的に二酸化硫黄を出すことは間違いないだろうが、どのくらいのレベルに落ち着くかの見きわめを今後精確に行う必要があろう。

4　ハザードマップを使いこなそう

噴火の災害から身を守るためには、どこが危険なのかを示した地図が必要である。このような地図を、ハザードマップ(火山災害予測図)という。噴火がもたらす災害を具体的に予想し、被害が及ぶ地域を地図の上で描いたものである(図4-6)。

たとえば、最初に噴火が起きる地点(火口の範囲)、災害が拡大してゆく範囲といった情報が、地図上にカラーで示される。具体的には、溶岩の流れてくる領域、火山灰が降り積もる範囲、泥流に襲われる地域の範囲、などである。

逆に、噴火が起きても安全な地域と避難場所、またそこに至るまでの避難経路が書かれる場合もある。ハザードマップは、噴火に関わるすべての人を対象としたものであり、火山防災では最も重要な地図といえよう。

当たり前のことであるが、火山の噴火を止めることは不可能である。それに対して、被害を減らすことは確実にできる。ハザードマップを作成することにより、噴火災害の及ぶ範囲を予測し被害を最小限にするというのが、基本的な考えかたにあるのだ。

ハザードマップで大切なことは、噴火現象の影響を、学術的な見地から記した図であるとい

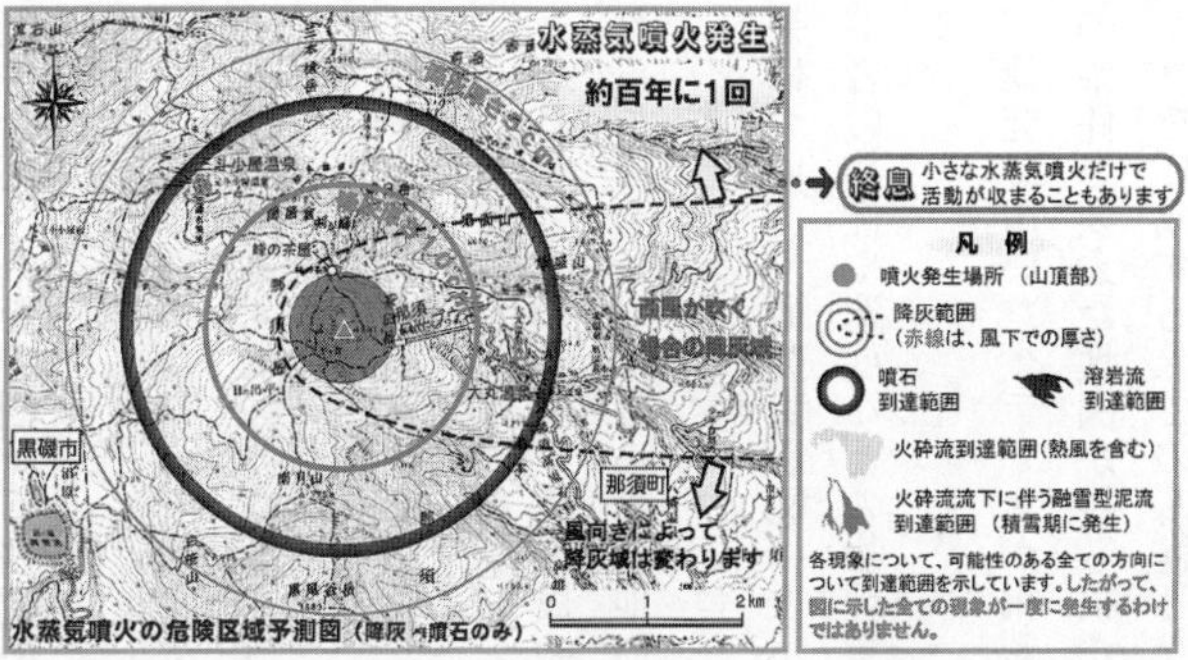

図 4-6　栃木県・那須火山のハザードマップ．

う点だ。すなわち、都市計画図のように行政区画の観点から線引きされた図とやや異なり、自然災害の観点が最優先される特徴をもつ。つまり、自治体の権限範囲や行政予算の都合で書かれるのではなく、府県にまたがって火山灰が飛んだり溶岩が流れる状況を示す図なのである。

これまでに述べてきたように、噴火現象は火山によって多様である。それにしたがって、噴火災害の様相もさまざまである。

といっても、火山の噴火は完全に偶発的で規則性がないものではなく、火山ごとに固有の特徴をもった噴火現象がくり返されることが多い。つまり、過去に噴火した事例をたくさん集めてくわしく調べてゆくと、火山ごとに噴火のパターンのようなものが見えてくるのである。

地質学には、「過去は未来を解く鍵である」という言葉がある。過去の噴火史から今後の噴火の様相を予想できるのだ。すなわち、どういうパターンの噴火が将来起きる可能性が高いかを予測するのである。ハザードマップには、このような情報も分かりやすく書き込まれている。

ハザードマップは最初に、火山ごとに市町村によって企画される。そして火山学や地域防災の専門家が中心となって図面を作り、自治体が発行・配布する。

ハザードマップの種類と役割

ハザードマップは大別すると、火山学マップ、行政マップ、住民マップの三種類のカテゴリーがある。このうち一般市民の目に触れるのは、三番目の住民マップであり、これだけが作られることも多い。ここでは他の二つのマップについても、一緒に解説しておこう。

一番目の火山学マップとは、火山が噴火した場合にどのような災害が起きるかを予測した結果について、研究者が図に表示したものである。たとえば、起こりうる噴火のタイプ、確率、溶岩の粘性や速度などの物理量をもとに、火山学上の観点から災害の状況を図示したものである。

研究で用いた生データが掲載されることもあり、数値シミュレーションを行った結果、種々の条件を変えた地図が複数描かれることもある。火山学マップは、以下の行政マップ、住民マップを作成する上での基盤となる科学的知見を盛り込んだ図なのである。

二番目の行政マップとは、火山学マップに基づいて、地域の危険度を分類し、防災施設の位置を記入した地図である。自治体の防災担当者が所持して、避難経路の策定などに用いられる。

三番目の住民マップとは、一番目、二番目の地図が作られた後に、地域の住民に配られる最終的な地図である。住民や観光客に対して、災害の及ぶ範囲や避難の経路・方法などを示している。緊急時に利用することにより、迅速かつ的確に避難を行うことができる。

住民マップでは、火山についてまったく知識のない人にも分かりやすいように、種々の工夫がなされている。さらに市民啓発のために、火山の基本用語に関する解説が付けられていることもある。現在、日本ではこのような住民啓発型マップは、三〇以上の火山で公表されている。その多くは、インターネットでも見ることができる。

ハザードマップの第一の役割は、噴火が起きたときに住民の生命と財産を守ることにある。また、ハザードマップは緊急時だけでなく、避難計画・避難施設の整備など、平時の防災のための準備としても用いられる。

さらに、ハザードマップは、火山の山麓にある自治体や企業が、長期的な土地利用計画を考える際にも活用されている。このほかに、火山そのものの活動を学ぶ上でも使われている。

たとえば、カラー刷りで分かりやすく記述されたハザードマップは、教材としてもたいへん優れている。火山地域にあるいくつかの自治体では、すでに小・中学校の理科・社会、総合学習の際に用いられている。

ハザードマップの歴史

火山の防災にはハザードマップがきわめて重要であるが、歴史的にはこれまでその認識が順調に進んできたわけではない。

海外の活火山では、一九七〇年代からハザードマップ作りが始まった。インドネシアでは一九七〇年代の末には、六五火山ですでにハザードマップが完成していた。日本でのハザードマップ作成は、インドネシアや米国など世界の主要な火山国に比べると遅れていた。日本で最初に完成したハザードマップは、一九八三年の北海道駒ケ岳《こまがたけ》(初版)だった。

南米コロンビアのネバド・デル・ルイス火山は、一九八五年に泥流災害を起こして二万五千人の犠牲者を出したことで有名である。実はここでも、噴火の直前にハザードマップが作られていた。噴火により氷河が融《と》けて発生する泥流の危険域を、かなり正確に予知していたのである。

ネバド・デル・ルイス火山のハザードマップは、防災を担当する諸機関に配布されていた。しかし、たいへん残念なことに、住民の緊急避難には用いられず、被害を防ぐ役に立たなかった。このハザードマップは広く住民には開示されておらず、啓発教育もなされていなかったのである。この不幸な事例は、逆に、ハザードマップが火山災害を減らすために有効であることを立証し、内外の活火山でハザードマップを作成し活用する気運が高まった。

北海道の十勝岳では、一九八六年にイラスト入りの分かりやすいハザードマップが、山麓の全住民に配られた。十勝岳では一九二六年に噴火による大泥流が発生し、一四四名の犠牲者を出していた。この事例は、ハザードマップ作成でも参考にされ、一九八八〜八九年に起きた十勝岳噴火の際に役立てられた。ハザードマップは、噴火後の地域防災計画や火山砂防事業のために活用され、後にさらに詳細な改訂版が作られた。

一九九二年にはハザードマップの作りかたのガイドラインが、国土庁防災局（当時）から発表された。「火山噴火災害危険区域予測図作成指針」と名づけられた厚い冊子である。その後、日本でも相次いで活火山のハザードマップが作成された。桜島をはじめとして樽前山《たるまえ》、伊豆大島、三宅島、雲仙岳などの火山で次々と刊行された。

一九九〇年代にはハザードマップの作成が加速され、二〇〇六年までに三七火山で刊行されている。しかし、上記の「作成指針」は、自然科学的な火山学の内容を中心としており、具体的な防災行政などの現場に対する指針が不足している。この点では、その後に起きた噴火の経験をふまえながら「作成指針」を改訂していく必要がある。

二〇〇〇年三月、二三年ぶりに噴火した有珠山では、ハザードマップが威力を発揮した。噴火の五年前に、ハザードマップが周辺市町村の全戸に配布されていたのである。これにより、住民は速《すみ》やかに避難することができ、一人の犠牲者もなしに噴火の終息を迎えることができた。噴火開始前の住民避難という噴火予知の成功をバックアップした一つの大きな要因が、ハザードマップなのである。

ハザードマップの読みかたと使いかた

ハザードマップでは、一枚の地図の中にたくさんの情報が盛り込まれている。その多くは、火山にくわしい専門家の発想で描かれているので、初めて見た一般市民には分かりにくいことが多い。

たとえば、国土地理院発行の地形図のように、統一された記号によって描かれていない。そのため、ハザードマップは、マップごとに読みかたを変えなければならないという難点がある。

また、本来一〇枚くらいに分かれているべき内容を、一枚の図に簡略化して表記したりする。たとえば、火山灰の降り積もる地域を示すハザードマップがそうである。上空の風向きの変化によって、火山灰の降る地域がかわる場合にも、ある風向の一枚の図で代表させている（図4－6参照）。

このような場合には、風向きのちがいによってハザードマップを三六〇度回転させながら、火山灰の動きを想像してみなければならない。初心者は、そういった作業に慣れていないので、こうしたハザードマップを十分に理解することができないことがある。

このような問題があるとはいえ、近年作成されたハザードマップではさまざまな工夫が凝《こ》らされている。噴火時に必要な情報を、何とか効率よく一枚の図面の中に盛り込もうとしているのだ。たとえば、まれにしか起こらないため実際の写真が撮られていない山体崩壊などの現象でも、分かりやすいイラストで示してある。本当は、読みかたさえ分かれば、緊急時にハザードマップほど役立つ地図はないのである。

ハザードマップを使いこなすには

では、住民はハザードマップをどのように使いこなせばよいだろうか。まず、家族全員で眺めながら、避難のシミュレーションを行ってみるとよい。ハザードマップに描かれた内容を見て、どんな噴火現象が起こるのかを知る。

前もって理解していれば、いざという時にパニックを起こさずに済む。そして噴火の種類ごとに、どこへどのように避難したらよいのかを考えてみるのだ。

たとえば、泥流が発生するときには、川沿いの低地から離れるほうがよい。噴石の被害が予想されるときには、火口からなるべく距離をおいた場所に移動する。火砕流が起きそうなときには、発生前にできるだけ遠くへ逃げておく。火砕流の場合には、噴出してから避難したのでは間に合わないからである。このようなことを、家族で一緒に確認してほしい。

一般に、ハザードマップは、ある火山で噴火が進むシナリオを想定している。その途中で起きるさまざまな現象ごとに、対応すべき行動を具体的に示してくれるのだ。

ただし、ハザードマップとは、多様な噴火現象の中から、最大公約数的なものを選んで記述したもの、と考えたほうがよい。実際の噴火では、このシナリオどおりには進まないこともある。このような考えかたに慣れていないと、ハザードマップを手にしたときに、現実とのちがいに困惑するかもしれない。

また、ハザードマップでは、最も規模の大きな災害が起きたときを想定して、これを強調して描くことが多い。このため、小規模の噴火が始まったときでも、図に載せられた最大規模の噴火が、今にも切迫しているような誤解を生じることがある。

通例、火山が破局的な噴火現象を起こす前には、さまざまな変動が地下で観測される。つまり、いきなり大規模な噴火が起きることはないのである。火山が活動を始めたという情報が、前もって住民に伝達され、避難指示が出される場合が多い。よって、最大級の噴火に直接巻き込まれて犠牲者が出ることは、現在の日本ではなくなってきたと考えてもよい。

ところが、そうはいっても、火山では予想外に早く噴火が進行し、破局的な噴火へどんどん移行する場合もゼロではない。したがって、不確定性が高い場合には、フェール・セーフ（失敗が起きても安全が確保されるしくみ）の考えかたで、より安全性の高い準備をしておく必要があろう。

ハザードマップがつなぐ減災の正四面体

図 4-7　北海道駒ケ岳，有珠山，樽前山の噴火に関するビデオや DVD．周辺の住民に配られている．

配布されたハザードマップを一回読むだけでは、不十分である。描かれた現象の大部分は、まだ見たこともないようなものである。火砕流といわれてもどういう現象かイメージできない人が多いだろう。

火山防災の先進地である北海道などの自治体では、過去の噴火の映像を含むビデオやＤＶＤを作成している（図４－７）。事前に映像で噴火について知っておくことは効果的である。これまで北海道駒ケ岳、有珠山、樽前山などではビデオが住民に配布されている。

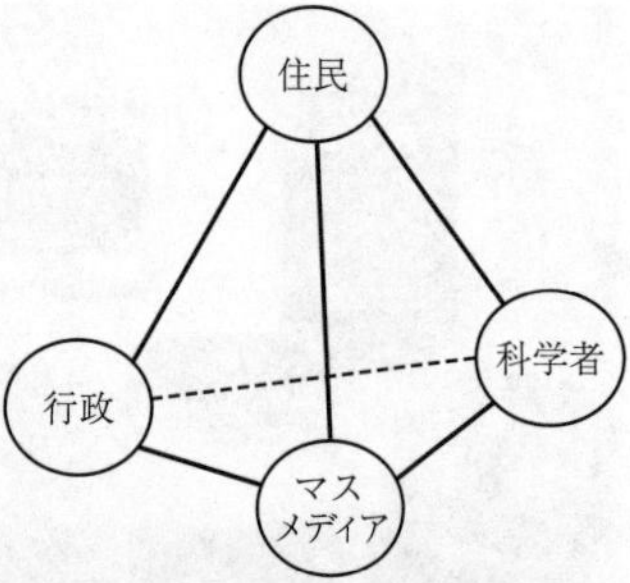

図 4-8 「減災の正四面体」と呼ばれている連携の関係.（岡田弘氏による）

とりわけ有珠山では、子供向けビデオ、外国人向けの英語版のビデオまでもが作成されている。これらの映像を見ながらイメージをつかむことで、ハザードマップの理解を深めることができる。

活火山地域の自治体では、火山学者と行政の防災担当者が、ハザードマップの説明会を開くケースがある。また、定期的に火山の学習会を開いている地域もある。自治体の市民はこれらに参加し、専門家に分からないことを質問して、火山そのものについて学ぶことができる。

たとえば、火砕流や火砕サージを出す場合と出さない場合、噴石の到達する範囲、泥流被害を受けやすい場所など、噴火のシナリオや地域ごとに想定される被害が異なっている。ハザードマップに盛り込まれた噴火のしくみや災害の具体的な姿について、説明会や学習会で遠慮なく尋ねていただきたい。

このような集まりは、火山学者と防災担当者にとっても大切である。というのは、ハザードマップ上で市民に十分に伝達できなかった点は何かを、この機会に把握することができるからだ。市民と専門家が手を取りあって、次の防災に活かすことが重要なのである。

火山防災では、住民、行政、専門家、マスメディアの四者が、連携を保っている必要がある。これは減災の正四面体と呼ばれている(図4-8)。日頃から互いに情報が円滑に行き来するシステムを構築しておくことが、噴火災害を減らす上で最重要課題となる。ハザードマップはこの四者をつなぐツールでもある。

ハザードマップには、アフターケアも必要である。火山研究の進展に応じて、すでに刊行されたハザードマップを書き換えるのである。いくつかの活火山では、初版のハザードマップの改訂が進んでいる。

5　風評被害を防ぐために

火山の周囲に人が住んでいる場合に、噴火は社会へさまざまな影響をもたらす。たとえば、火山地域で観光事業を営む旅館や土産物《みやげもの》店は、噴火に至らなくても、火山の地下で地震が発生したというだけでマイナスの影響をこうむることがある。

これは火山活動による風評《ふうひょう》被害と呼ばれる。「風評」は、世間の評判、うわさといった意味で、簡単に言えば「うわさによる被害」である。

一般に風評被害とは、事故や自然災害などによって、直接関係のない経済活動が阻害されることをいう。たとえば、旅行客が宿泊をキャンセルしたり消費者が買い控えを起こした結果、関連業者が間接的に経済的な損害をこうむるのである。いずれも、過剰な反応によって生じるものといってもよい。時には、マスメディアによる不適切な表現や虚偽の報道から、思わぬ風評被害が発生することもある。

火山活動に関して言うと、火山の地下で微弱な地震や地殻変動が観測されたという報道によって、風評被害がしばしば起きる。流された情報を正確に理解することができれば、予定をキャンセルする理由はまったくない。しかし、中途半端な理解によって、過剰に反応した結果、旅行を中止する観光客が続出することがある。

過剰な反応が風評被害を起こす根底には、火山噴火に関する最低限のリテラシー（理解能力）が不足していることがある。特に近年では、インターネットを通じて玉石混淆《こんこう》の情報が伝達されているので、風評被害を助長する恐れもある。正しい情報を伝える対策を講じる必要がますます高まっている。

ハザードマップが立ち往生

風評被害をおそれるあまり、かつて観光業を営む人たちの間で、火山活動そのものの報道を嫌うという風潮があった。たとえば、ハザードマップの配布は、火山が危険であることを強調することにつながると考え、配布することをためらう行為があったのだ。

さらに、ハザードマップ自体を作成することに対しても、地元でネガティブな意見が根強くあったことさえある。将来噴火する可能性など知らせたくないという、いわゆる「寝た子を起こすな」という論法である。

ここまでなるには、火山情報を伝えるマスメディアや専門家にも、問題がまったくなかったわけではない。しかし、「見て見ぬ振り」をするのは、防災上もっとも危険な態度なのである。

自然現象のなかに、何らかの災害をもたらす兆候を見つけた場合、速やかに社会に対して情報を流すのは、科学者、マスメディア、行政担当者の本来の仕事である。具体的な被害が起こらなかった場合でも、自分たちの都合によって情報を隠すようなことがあってはならない。

もしそのようなことが起きては、市民と専門家の間に不信感が生まれてしまうからだ。このような事態にならないよう努力することも、研究者やマスメディアの社会的責任であろう。

一九八二年に、富士山噴火の時期を年月まで予言したと主張する書籍が刊行されたことがある。翌年には、富士山周辺の観光客の一割程度が減ってしまった。現在の火山学では、富士山が次に噴火する日時を正確に特定し予知することは、不可能である。そのことを知らない市民の多くが、富士山が大噴火するかもしれないと不安感をもち、旅行を取りやめ地元の観光産業に打撃を与えたのである。

これは科学的な裏付けがまったくない流言《りゅうげん》といってもよい。このような不幸な事件をなくすために、専門家は積極的に正しい情報を、分かりやすく伝える必要がある。

岩手山と磐梯山の例

風評被害に関する事例を、さらに二つほど紹介してみよう。

岩手山で一九九五年、火山性微動が始まった。一九九八年には火山性地震が頻繁に起こり、地殻変動が観測されるようになった。このため、岩手山火山防災検討会がつくられ、大学、県、市町村などの防災担当者のネットワークができた。

この年、岩手山の浅部にマグマが貫入し、これに対応して岩手山の入山規制が敷かれた。しかし、噴火には至ることはなく、地熱活動が継続しただけで、マグマそのものの動きは沈静化した。火山活動が軽微であったにもかかわらず、研究者と行政や市民の連携という点では、ほぼ完璧な体制ができていたのである。

ところがこの間に、風評被害によって岩手山周辺への観光客が減り、ペンション経営者などが打撃を受けるという事態が起きていた。防災体制の整備とはまったく別個に生じた思わぬ問題だった。一九九八年の一年間だけで一八万人以上の観光客が減少したと推計され、被害総額は一六〇億円程度と試算されている(岩手県立大学の調査)。

言うまでもなく風評被害をつくり出したのは、火山をかかえる地元の住民ではなく、噴火の知識をもたない遠方の人たちである。正しく火山を理解し最新の情報を得さえすれば、風評被害はそれほど大きくはならないのである。

次に、福島県の磐梯山では、二〇〇〇年五月から火山性の地震が発生し、八月に最初の臨時火山情報が出され磐梯山の登山が規制された。その後、活動は減少し、二〇〇〇年九月には登山規制が解除され、二〇〇一年五月に磐梯山火山防災マップが公表された。

二〇〇二年六月、磐梯山麓にある町の一つで、火山災害に対する防災訓練を見合わせたことがある。このことが地元の新聞に、「夏の観光シーズンを前に、風評被害の再燃を心配する観光関係者に配慮しての判断」と報道された(福島民報二〇〇二年六月二六日)。われわれ火山学者はそれを知ってたいへん驚いた。

また、「訓練による観光へのイメージダウンを心配する町内の商工関係者らに、町が配慮したという」という記述もあった(河北新報二〇〇二年六月二六日)。これには、「火山活動が平素の落ち着いた状態に戻っているにもかかわらず、訓練を行うことで「噴火」という言葉が独り歩きし、再び風評被害が起きることへの懸念も示された。こうした声を踏まえ、参加を見合わせたという」との解説が付けられた。

これらの報道には、二〇〇〇年に起きた火山活動に発する観光客の減少から、磐梯山の地元ではまだ立ち直っていなかった、という背景がある。

防災力を宣伝

一方で、参加を見合わせた町の隣の町村では、むしろ「防災上の安全PRになる」ということから、七月一五日に火山防災訓練を実施した。降灰など道路障害物の除去、被災車両のけが人救出、通信手段の確保、一斉放水などの訓練が、まったく問題なくスムーズに進められたのである。

予定どおりに訓練を行ったことに対して新聞は、「訓練を通し火山に対する備えが万全であることをアピールすれば、観光客に安心感を与え、風評被害の再燃も防ぐことができる」と伝えた。同時に、「安全への備えをPRすることで訓練を成功に導きたい」という首長の談話を載せた。

このように、火山防災訓練への参加・不参加の二つの立場には、噴火活動に対する考えかたに大きな開きがある。情報が的確に伝えられ、また住民と観光客を無事に避難誘導するための訓練がなければ、いざというときに防災活動が機能しない。突発災害を減らすために防災訓練が欠かせないことは、多くの事例で証明されている。

防災訓練を避けるという行動は、明らかに風評被害への過剰反応である。「観光への影響に配慮した」という不参加側の説明に対し、私たち火山専門家は、不参加はかえってマイナスイメージになるのではないか、と考えている。

情報開示が基本

ハザードマップを作成する際には、しばしば同様の問題が発生する。たとえば、ハザードマップが配布されると、地元の不動産の価値が下がることを心配する人たちが必ず出るのだ。

これでは、せっかく作成して住民に配布したハザードマップが、まったく活かされない恐れがある。ハザードマップや防災訓練が、風評被害をもたらすわけでは決してないことは、銘記すべきであろう。

富士山が将来噴火することを想定した山梨県は、二〇〇一年六月に富士山麓で大規模な防災訓練を行った。富士山北麓の有数の観光地である河口湖町では、噴火の際に観光客へ必要な情報を迅速に伝えるシステムを構築した。土地勘の乏しい外来者が安全に避難するためには、地元にもそれなりの準備が必要だからである。

二〇〇〇年有珠山噴火での減災の成功を見て、河口湖町では積極的に安全性を宣伝する戦略をとることにした。噴火災害の可能性を隠すのとは反対に、情報を分かりやすく開示しようというのだ。この考えかたは、活火山をかかえた観光地の生き残り策としてたいへん望ましい。

今後、有事の際に防災体制が整っていることは、第一級の観光地の条件ともなるだろう。

星の王子さまと活火山

フランス人の作家サン＝テグジュペリの書いた『星の王子さま』は、児童文学の世界的なロングセラーである。一九四三年に英語版とフランス語版がニューヨークで出版された。その後も四〇以上の国で翻訳され、今なお読みつがれている。二〇〇六年には著作権がなくなり、以後数多くの翻訳が刊行されつつある。

この本は、子どもたちが火山について知るはじめての本でもある。サン＝テグジュペリみずからが描いた表紙の絵には、火口から煙のようなものを上げている火山がある。王子さまのひざよりも低い、かわいらしい火山である。

挿し絵に描かれた活火山の上には、朝ごはん用の鍋がちょこんと乗っている（図4－9）。王子さまに出会った語り手の「ぼく」は、こう話す。

「王子さまは、活火山を、二つ持っていました。ですから、朝の食事をあたためるには、たいそうべんりでした。休火山も一つ持っていました。」（ハードカバー版『星の王子さま』、内藤濯訳、岩波書店、四四～四五ページ）

『星の王子さま』には、活火山と休火山ということばが、いくども用いられている。このおとぎ話が翻訳された一九五〇年代には、日本国内で火山は活火山・休火山・死火山の三つに分類されていた。

活動中の火山は活火山、何百年も噴火をしていない火山は休火山、もう噴火しない火山は死火山と、明治時代からこのかた見なされていたのだ。小学校や中学校の教科書でそう習った人も多いだろう。しかし現在、休火山と死火山という言葉は、火山専門家の間では使われなくなった。

数百年程度の静穏期は、活火山ではごく普通に見られる小休止なのである。休火山と思っていた山は、火山学的に見ればすべて活火山と考えた方がよい。

また、死火山という言葉についても、問題がある。将来決して噴火しないという確実な証拠をあげることが、不可能に近いからだ。

たとえば、富士山をみるとよい。最近の噴火は江戸時代の宝永年間に起きた。一七〇七年一二月、富士山の南東斜面にある宝永火口から大爆発を起こした。江戸の街では五センチメートルも火山灰が降り積もった結果、何週間も灰まみれになってしまったのだ。

図 4-9 「王子さまは，念入りに活火山のすすはらいをしました.」図の左下部に鍋が見てとれる．岩波書店『星の王子さま』(内藤濯訳) p. 45 より．

その後三〇〇年ものあいだ富士山は噴火を起こしていない。人間の生活感覚では、約一〇世代にわたるような長い期間である。しかし、十万年にもおよぶ富士山の長い寿命からすれば、三〇〇年間とはまばたきする程度の短い休止期にすぎない。

その一つ前の富士山の噴火は、一五一一

年に起きた。すなわち、二〇〇年間もの長いあいだ休んでいたのである。

もし、宝永噴火前の一七〇〇年頃の人が「富士山は休火山だから噴火するまい」と考えたとしたら、どうであろう。火山の活動を判断する時間スケールが、あまりにも短すぎるではないか。

たとえば、一九七九年一〇月に噴火した御嶽山が、そうだった。歴史時代には噴火記録のなかった火山が、とつぜん大量の火山灰を出したのだ。一五〇キロメートル東にある群馬県の前橋まで、火山灰が降ってきた。

御嶽山にはその前に活発な噴気があったので、幸い、寝耳に水の噴火というわけではなかった。しかし、火山学者は、御岳山が噴火したことにたいへん驚き、長いあいだ休んでいても噴火することを改めて認識した。

このような状況から、休火山と死火山という言葉を、火山学者はまったく使わなくなったのである。旧来の休火山のすべてと死火山の一部は、活火山ととらえた方がよい。

現在、私たちは、「活火山」と「そうでない火山」という二つの分け方をしている。少し奇異な感じがするかもしれないが、学問的に正確なだけでなく、実は噴火の減災上も、より適切なのである。

『星の王子さま』に話を戻してみよう。王子さまは「ぼく」にこう語る。

「ぼくのうちですか? たいしておもしろいところじゃありません。ちっちゃい、ちっちゃい星なんです。火山が三つあります。活火山が二つと、休火山が一つ。でも、いつ爆発するかわかりませんよ。」(同上、七四ページ)

ほら、王子さまは、活火山だけでなく休火山も爆発することを、ちゃんと知っている。

第5章
火山とともに生きる

火山の恵みを楽しむ霧島火山・新湯温泉の風景.

ここまで噴火がもたらすマイナス面を論じてきたが、長い火山活動の歴史の中にはプラス面もある。火山の恵みには、観光や温泉をはじめとして、地熱発電、鉱産資源などのたくさんの要素がある(本章扉写真)。スウェーデンなどでは地中熱を利用した冷暖房も行われている。また「火山に親しむ」ことは防災への啓発につながる。以下で紹介するオープン・エア・ミュージアムやエコ・ミュージアムはその例である。本章では、多岐にわたる火山の恵みと火山と共生する知恵について考えてみよう。

最初に、アイスランドのユニークな減災への取り組みを紹介しよう。

1　溶岩の流れを変える

大西洋に浮かぶ北の島アイスランドは火山の島であり、人々が長いあいだ火山と共生してきた。時おりマグマが噴出し生活を脅かすことがあるが、彼らは上手に回避してきたのだ。ここには溶岩流に立ち向かった人たちがいる。

「焼け石に水」という言葉がある。熱く熱せられた石に多少の水をかけても効果がない、というのが一般の常識的なイメージである。それゆえ、火山で噴出する溶岩に対して水をかけても、止めることはできないだろう、というのが大方の見かたであった。

しかし、これに真っ向から挑戦した試みがある。溶岩の流れる方向を変えるために、大量の水をかけたのだ。アイスランドの南西部にあるヘイマエイ島では、溶岩に海水を絶え間なく放水しつづけて、最後に溶岩流を止めることに成功した。

ヘイマエイ島には、活火山のエルダフェル火山がある。ここでは一九七三年の噴火で溶岩が流出し、島にある漁港を埋め尽くすほどになった。島の住民は主に漁業を生業としているため、まさに死活問題となった。そこで、溶岩流を食い止める作戦が考えられた。溶岩の先端に海水をかけて冷やして固めようというアイデアである。

噴火の初期には、大量のスコリア（黒っぽい軽石、第1章2節参照）が空から降ってきた。このため、五〇〇〇人を超える住民が島の外へ一時避難する騒ぎもあった。さらに、スコリアの噴出とともに溶岩が火口からあふれ出し、一週間ほどたつと、ヘイマエイ島唯一の港のそばに近づいてきたのである。

港湾施設が溶岩に埋められてしまえば、港はまったく機能をなさなくなる。そこで、噴火が始まった約一カ月後から、ポンプで海水を汲み上げて溶岩流を冷やして固める方策が採用されることとなった。一秒間に一トンという割合の海水の放水が実行されたのだ。

流れている溶岩流の縁にできた高まりと、溶岩の先端の両方に向けて、水が注がれた。汲み上げた海水を二四時間態勢で放水しつづけたのである。その結果、冷やされた溶岩流の粘性が増して、しだいに流れの速度が遅くなってきた。

冷え固まった溶岩は、後から流れてくる溶岩を止める役割を果たした。ちょうど堤防の働きをするようになったのだ。また、流れの速さだけでなく、溶岩が流れ下る方向を変えることにも成功した。

一五五日にもわたる努力の結果、ようやく溶岩の向きが変わってきた。漁港が埋積されるという最悪の事態は、かろうじて回避されたのである。

一九七三年の噴火によってヘイマエイ島がこうむった被害総額は、約一三〇億円とされている。この事件は世界中に報道され、溶岩流阻止《そし》作戦が一躍有名になった。

放水作戦は万能ではない

当初、ヘイマエイ島では、溶岩に水をかけると水蒸気爆発をおこすのではないかという懸念が出された。マグマと水とが、ある一定範囲の割合で混ざったときに、大きな爆発を起こすことがあるからだ(第2章8節参照)。

このことを、海水を溶岩に放水する前に検討したところ、結果は「問題ない」と判断された。

陸上の溶岩流に水をかけても、爆発に至る混合状態には、まずならないのである。このような混合比は、地中で圧力のかかったマグマが、直接地下水層と接触するようなときに生ずる。溶岩の表面に放水しても、いわば「焼け石に水」状態がしばらく続くだけで、水蒸気爆発には至らないのである。

放水によって溶岩の表層が固化すると、次第に厚い殻が形成される。この表面にできた皮が、マグマと水とをさえぎってしまうのだ。そうこうしているうちに、内部も徐々に冷え固まってくる。

実は、ある程度の深さの水の中でも、表面で固まった皮が内部の熱いマグマをさえぎる現象が起きる。先に述べた枕状溶岩（第1章1節参照）は、このようにして形成されたものである。したがって、枕状溶岩ができる最中にも、水蒸気爆発は起きないのである。

ハワイ・キラウエア火山でも、溶岩流が麓《ふもと》の集落に流れ込んできたことがある。一九七三年、キラウエア火山南麓の海に面したワカイラヘイアウのポリネシア人遺跡へ、溶岩流が接近してきた。このときにも、放水が行われた。

消防当局と地元の住民は、必死になってホースで溶岩流に水をかけた。溶岩流の端では効を奏した場所もあったのだが、残念ながらほとんど制止できなかった。結果的には、溶岩の噴出量があまりにも大きく、多くの家屋と遺跡が飲み込まれてしまった。

ハワイ島には、こうした溶岩流によって埋積された遺跡がいくつもある。遺跡のビジターセンターもろとも押し寄せる溶岩に埋もれてしまった映像も撮影されている。このように溶岩流の流量が大きな場合には、放水による阻止作戦は十分な効果を上げられないのである。

三宅島の一九八三年噴火の例

日本でも、アイスランドの成功例を応用したことがある。一九八三年に噴火した三宅島の溶岩流に対して、同様の試みが行われた。この噴火では、アイスランドのヘイマエイ島と同じく、玄武岩質のマグマが噴出した。三宅島の玄武岩溶岩の温度は、ヘイマエイ島のそれとほぼ等しい約一一〇〇度である。噴出した降下スコリアと溶岩流は、集落や農耕地に被害を与えた。溶岩流の被害を防ぐために、ポンプで海水を汲み上げ溶岩に向けた放水が始まった。しかし、放水量が十分ではなかったため、溶岩流の侵入を全面的に食い止めることはできなかった。

三宅島南東部にある阿古地区に流れ込んだ溶岩流は、市街の一部と小・中学校の校舎を呑《の》み込んでしまったのである(図5-1)。「焼け石に水」程度の放水量では効果がない。三宅島の一九八三年噴火による損害総額は、二五五億円と見積もられている。

後に、三宅島とヘイマエイ島の放水例の詳細な比較がなされた。これによると、三宅島ではヘイマエイ島の一〇〇〇分の一の放水量であり、放水期間も三日間(正味一六時間)と短かった。

しかし、溶岩流の熱による住宅火災を食い止めるなどの一定の効果を上げることはできた。海が近く大量の海水を比較的容易に汲み上げられる地域では、溶岩流に対して放水冷却を行う作戦には、一定の成果が得られる。ヘイマエイ島と三宅島のように、無限に近い量の水が調達できる地区では、溶岩流をなんとか阻止することもできる。圧倒的な力をもつ火山活動に対して、人間がささやかな抵抗を試みて効果を上げた数少ない例といえよう。

溶岩の流れかたの予測

溶岩流を制御しようとするには、前もってどこまで溶岩が流れ下るのかを知る必要がある。

図5-1　三宅島の1983年噴火で阿古小・中学校の校舎内を埋めてドアから外へあふれ出た溶岩流.

現在ではコンピュータの上で、溶岩の動きをモデル化することが可能である。実際の溶岩流のもつ温度や粘性などの物性に近い数値を仮定し、簡単なシミュレーションを行う。その結果、溶岩の流れる速さや、溶岩が広がる範囲を予測することができるのだ。

この手法は、将来に起きる火山災害を

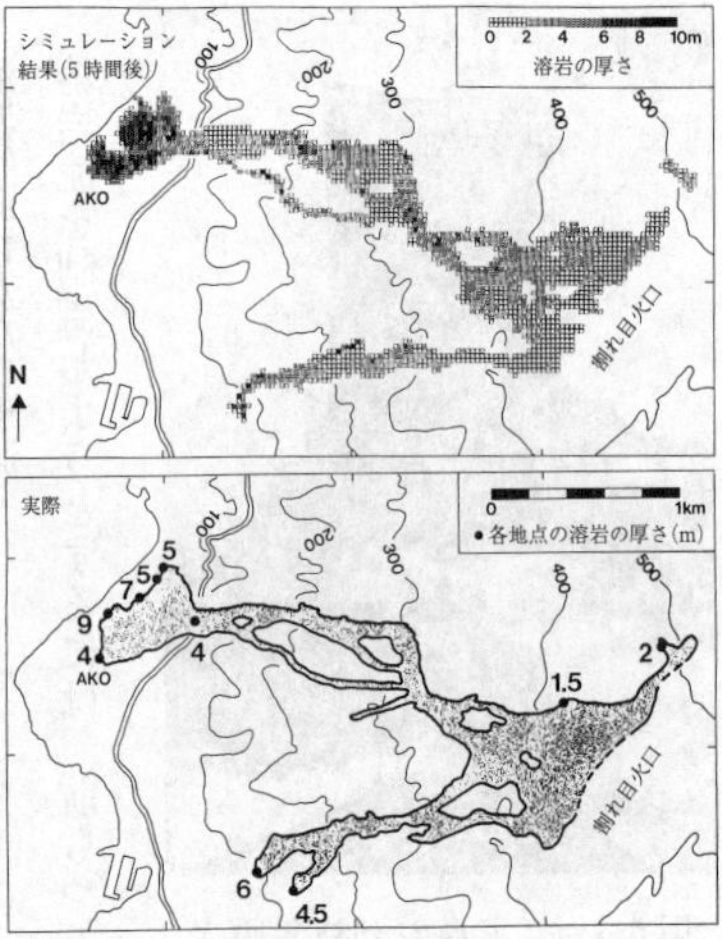

図 5-2　三宅島の 1983 年噴火で流れた溶岩流の実際の分布とコンピュータ・シミュレーションの結果.（石原和弘氏による）

予測するためにも重要である。このような定量的な方法が役に立つことは、溶岩流の計算結果と実際に流れた例とを比べてみると一目瞭然だ。

具体的に、一九八三年の三宅島の噴火の際に流れ下った溶岩流と、シミュレーションされた溶岩流とを比較してみよう（図5-2）。

噴火の開始から五時間たった後の溶岩流は、いずれもよく一致している。図柄のちがいは、計算された溶岩流の厚さの違いを表す。このシミュレーションでは、溶岩流の厚さがだんだん厚くなることも示されている。これも実際の溶岩流の流れをかなりよく再現しているといえよう。

2　災害は短く、恵みは長い

火山噴火のあとには美しい地形が残り、観光資源となる。活火山の山麓に広がる扇状地では、噴火が去ったあとの長い年月にわたって、火山の恩恵を受けている。

たとえば、鬼押し出し溶岩で有名な群馬県・浅間山周辺のリゾート地は、元はといえば噴火の賜物《たまもの》である。前に述べた裏磐梯の美しい湖沼群も、明治の大噴火によって生じたものだ。

一九九五年に噴火が終息した長崎県の雲仙普賢岳では、火砕流や泥流の跡地をそのまま保存して、火山博物館を造った。山頂に残った一億立方メートルの溶岩ドームは、「平成新山」と名づけられ、天然記念物に指定されている。

二〇〇〇年噴火を終えた北海道の有珠山では、噴火口や被害を受けた建物が、遺構《いこう》公園として残された（図5－3）。ここでは自然災害をそのままの形で学ぶ「エコ・ミュージアム」とし、観光の拠点としても活用されている。

図 5-3　有珠山の 2000 年噴火により道路が断層によって寸断された風景．エコ・ミュージアムの一部として保存されている．

噴火災害を乗りきったあとには、かならず火山の恵みが来るのである。ここには、「火山の災害は短く、その恵みは長い」という法則があるのだ。噴火災害は比較的短い期間に発生するので、これを噴火予知など科学の力を用いてやり過ごす。これに成功できれば、そのあとには長期間の恩恵を享受《きょうじゅ》することができるのである。

日本最大の活火山である富士山は、ごくわずかの火山活動の徴候を示しただけでも大きな注目を集めてきた。富士山は、周辺地域を含めると年間二〇〇〇万人という観光と登山客を集める日本最大の観光地である（第3章扉写真参照）。

江戸時代の宝永噴火の翌年には、富士山の登山客が三倍に増えたらしい。日本人は新しい物好きなので、噴火の跡を一目見ようと多くの人が詰めかけたのであろう。将来もし富士山が噴火すれば、噴火後のプラス面の経済効果も、当然日本一にふさわしい額となるのではないかと予想される。

ここ数年、富士山を世界自然遺産に登録しようという運動があったが、成功には至らなかった。開発の手が入りすぎたり、ゴミがあふれていたり、自然景観の保護が不十分であるなど、複数の問題があった。

しかし、もし富士山が小さな噴火をすれば、これを契機に状況が変わるかもしれない。噴火が残した割れ目火口などの珍しい地形を、世界自然遺産に登録することも不可能ではあるまい。現在、日本を代表する名山で信仰と文化の対象ともなってきた富士山を、日本人の心の山として世界文化遺産に登録しようとする計画がある。いずれ世界文化遺産と世界自然遺産のダブル登録も夢ではないかもしれない。

日本に一〇八個ある活火山の山麓は、いずれも災害と恵みの両方をこうむってきた地域である（表４－１参照）。後述する雲仙普賢岳や有珠山の成功例は、今後の参考になるだろう（４節参照）。近い将来起こるかもしれない噴火を恐れるばかりでなく、「短期の災害と長期の恵み」という観点で前向きに対処するとよいのではないだろうか。

エトナ火山の災害と恵み

火山の裾野が広がった火山麓《ろく》扇状地では、長い間に養分の豊富な土壌がつくられてきた。水はけの良い肥沃《ひよく》な土壌には、ブドウなどの果物や高原野菜が栽培される。火山の麓は、ワインの産地として有名なところも多い。火山麓の農業は、かつて噴火で形成された地形をもとにして、その上に醸成《じょうせい》された土と水から成り立っていると言っても過言ではない。

たとえば、関東平野の南部に広く分布する関東ローム層の一部は、富士山から噴出した火山灰からなる。ここでは風化した火山灰が、肥沃な土壌として役に立っているという良い面もある。長期的には噴火は、人類の農業にとってプラスに働いてきたといってもよい。

イタリア南部のシチリア島にあるエトナ山は、ヨーロッパ有数の活火山である。三三五〇メートルを超える山頂標高をもち、火山体の直径は五〇キロメートルに達する。富士山にも匹敵

図5-4　イタリアのエトナ山麓を流下しスキーリフトを埋めた溶岩が黒々と見える.

するような、巨大な円錐形の成層火山なのだ。エトナ山の噴火記録は紀元前六九三年から残っており、最近でも数年おきくらいに噴火が断続的に起きている。

二〇〇一年七月一二日、エトナ山の山頂南から噴火が始まった。火砕丘の根元から出た溶岩流は、中腹にあるロープウェイの駅舎などを次々と埋めていった。最終的には、南東の町ニコロージから約一キロメートルの地点(標高一〇三五メートル)まで近づき、八月の終わりに噴火はほぼ終息した。

二〇〇二年の秋、私は山頂近くまで登って噴火堆積物を見る機会があった。噴火したばかりの黒々とした玄武岩の溶岩は、威圧感がある。溶岩の大部分は、厚さ数メートル程度のごつごつした表面をもつ典型的なアア溶岩(第1章1節参照)である。アア溶岩には小さなとげが出ているので、もし裸足でその上を歩いたらとても痛いだろうと思う。

溶岩の流路にある観光名所のラ・サピエンツァでは、スキー場のリフトが溶岩に埋まっていた(図5-4)。近年、山頂近くから流れ出した溶岩は、山麓のスキー場を何回も遮断している。

道路の脇には、半分溶岩に埋もれたリフトの駅舎が残っている。同行したガイドが「これは〇〇年に噴出した溶岩に覆われたものだ」という解説をしてくれた。たびたび埋もれてしまっても、諦《あきら》めることなくリフトの付け替え工事が行われている。

エトナ山は、溶岩流の制御を人為的に行ってきたことでも有名だ。一九七〇年代以降、噴火のたびに何回もこの試みは行われている。一九八三年や一九九二年の噴火の際には、溶岩が流れる方向に人工の堤防や溝を作った。流れている溶岩の壁を爆破して別の流路に導いたり、なんとか進路を変えようとしたのである。

すべての制御がうまくいったわけではないが、試行錯誤をくり返しながら、居住地域に溶岩が流れ込むことを何とか阻止してきたのである。自分たちをはるかに超える自然の力に翻弄《ほんろう》されながらも、力強く生き抜く人々のエネルギーに、私は感動を覚えた。

火山の麓のワイン造り

エトナ山と近隣に住む人間との関わりは、溶岩流だけではない。広大な緩斜面の広がる山麓では、大昔からブドウの栽培が盛んである。紀元前一二二年、エトナ山は大噴火を起こした。シチリア島全域がローマ帝国の支配下にあった頃のことである。

この噴火は、玄武岩のスコリア(黒い軽石)と火山灰をあたり一面にまき散らし、当時行われていた農業に壊滅的な打撃を与えた。噴火がおさまってしばらく後に、ローマ人たちが移植してきた。彼らは、火山麓扇状地に発達する水はけの良い土壌を利用し、ブドウを植えた。これがエトナ地方名産のワイン造りの始まりであったらしい。

厚く降り積もったスコリアと火山灰は、玄武岩質のマグマが発泡して噴火口から放出されたものである。玄武岩には、鉄・マグネシウムなどの元素が比較的多い。エトナ山の岩石は、その中でもアルカリ玄武岩と呼ばれ、ナトリウムやカリウムなどのアルカリ元素が、富士山などに見られる玄武岩よりも多く含まれるのだ。

友人のイタリア人火山学者は、アルカリ玄武岩質の火山灰土は、上質のワイン用ブドウの生育に最も適しているのではないか、と言っていた。私自身、酒屋で「エトナ・ロッソ」と見れば、ただちに買って帰るほどの旨《うま》いワインが出回っている。確かに噴火は災害を引き起こすが、恵みももたらしてくれるのである。

ヴェスヴィオ火山の災害と恵み

火山が肥沃な大地を育《はぐく》んできた例は、イタリア中部のポンペイにもある。西暦七九年、ヴェスヴィオ火山の大噴火は、古代都市ポンペイを火山灰と火砕流で完全に埋め尽くしてしまった(図5-5)。緑が回復してくると、エトナと同様にローマ人たちは、養分の多い土地にブドウを栽培した。
その後、長い時間がたち、ポンペイの記録は地上から全く失われてしまった。やがて一八世紀にポンペイが初めて発掘されるまで、ブドウ畑の下に悲劇の都市が埋もれていたのだ。

図 **5-5**　イタリア・ナポリ市内から見たヴェスヴィオ火山の遠景.

哲学者の和辻哲郎は、昭和二(一九二七)年にイタリアを旅行し『イタリア古寺巡礼』を著した。この本は美術に関する記述だけでなく、イタリアの風土・気候などが、和辻らしいきめの細かい観察によって描写されている。彼はポンペイについて、以下のように記している。

「ポンペイの遺跡を見に行った。……遺跡のいろいろな発掘もおもしろくはあったが、こういう町が土に埋もれていて、その上が葡《ぶ》萄《どう》畑になり、千何百年かの間、人々がその上でなんにも気づかずに葡萄を作っていたということが、私にはひどく興味あることに思えた。……ポンペイの町の何尺か上で葡萄を作りながら、地下にそんなものがあるとは全然思っていなかった人と、われわれもまた全然同じ立場に立つのである。」

和辻が抱いた感覚は、ともに夏目漱石の門下であった地球物理学者の寺田寅彦の言葉を想《おも》い起こさせる。彼は「天災は忘れた頃にやって来る」という名言を残したとされる。災害の記憶を風化させずに保つ難しさを、見事に言い当てた言葉だ。

実は、火山の噴火は、「忘れた頃に」だけでは済まない場合がある。忘れ去られて、さらに何世代も何世代も過ぎた頃に、やっとやってくるのである。

エトナのように今は噴火を繰り返している火山も、何千年も休むことがある。特に、大きな噴火が起きる前には、長い休止期をはさむことが多い。その間に私たちは、美しい風景や肥沃な土壌といった貴重な贈り物を、火山から受け取ることができるのである。

ナポリ市の広域避難計画

ヴェスヴィオ火山のすぐ西に接して、人口三〇〇万人を有するナポリ市がある。ナポリ市とその周辺地域では、将来起こりうる噴火に向けて大がかりな避難訓練が検討されている。

一六三一年には市内に火砕流が流れ込み、多くの犠牲者を出した。この火砕流と同じものが今日起きると、六〇万人以上が被災すると想定されている。

ヴェスヴィオ山の山麓には、一八もの市町村がある。噴火が始まっても、行政区画をまたいで多人数の住民を避難させることは、至難のわざといってもよい。日本でいえば、富士山が噴火するケースがこれに当たるだろう。多くの自治体に囲まれた活火山では、前もって広域避難の訓練を入念に行っておくことが肝要なのである。

イタリア政府は、大規模な避難が必要となった場合には、軍隊を動員して短時間に住民の強制避難を行う計画をもっている。自治体で対応できる限界を超えるような大規模な火山噴火では、国レベルの危機管理体制を敷いておくことが必要なのだ。

3　火山に親しむ

火山の恵みを考える上で、その美しい地形は大きな役割を果たしている。日本の国立公園の九割は、火山地域にある。その大部分は噴気を上げたり、時おり噴火する活火山である。

二〇〇五年の七月に、北海道の知床《しれとこ》半島が世界自然遺産に登録された。国内にある自然部門の世界遺産としては、屋久島と白神《しらかみ》山地につづく三番目である。知床半島の中央には、いくつもの火山が連なる。活火山の知床硫黄《いおう》山と羅臼岳《らうすだけ》も含まれている(第3章末のコラム参照)。

火山地域が世界自然遺産に認定された例は、日本ではこれが初めてのことだ。しかし、世界的に見ると、すでにたくさんの火山が登録されている。

ハワイのキラウエア火山は現在でも活発な活動をつづけている世界自然遺産である。真っ赤な溶岩が流れるのを見に行った人も数多くいるだろう。米国中西部にあるイエローストン国立公園は、約七〇万年前に大規模な火砕流を噴出した巨大なカルデラの上にある。

イタリア西部の地中海に浮かぶエオリア諸島にも、世界自然遺産の火山島がいくつかある。ブルカノ島やストロンボリ島では、特徴的な火山活動をしばしば起こしてきた。島の名前をとり、ブルカノ式噴火、ストロンボリ式噴火といった噴火様式を表す火山学の専門用語になっていることはすでに述べたとおりである。なお、ブルカノ(Vulcano)はボルケーノ(volcano＝火山)の語源になった地名でもある(図5-6)。

図 5-6　イタリアの世界遺産であるブルカノ火山フォッサ火砕丘の写真．地中海有数の観光地でもある．(中野俊氏撮影)

この他にも、ニュージーランド(トンガリロ)、ロシア(カムチャッカ)、タンザニア(キリマンジャロ)、ドミニカ(モゥーン・トワ・ピトン)などの美しい火山地域(火山群)が、世界自然遺産に選ばれている。いずれも火山が人類にもたらしたかけがえのない恵みの姿なのだ。

ハワイで溶岩をすくう

世界遺産の一つであるハワイのキラウエア火山では、しょっちゅう溶岩が流れている。山麓に達した溶岩は亀が歩くくらいの速さで、太平洋へ向かってゆっくりと動いている。プウオオ噴火口から出た溶岩流が、長い溶岩トンネルを通過し、一〇キロメートル下流の海岸まで達している。

溶岩流の厚さは、二〇センチメートルほどである。その先端は、袋のように丸くふくらんでいる。少し冷えて固まった銀色の表面を破って、溶けたマグマがゆっくりと出てくる。溶岩の照り返す熱は非常に強く、三メートル離れていても熱くて顔を向けていられないほどだ（第1章1節参照）。

私は木の棒を突きさして、流れている溶岩をすくい取ってみることにした（図5－7）。棒は黒い煙を出しながらボソボソと燃えはじめた。中の温度は一一〇〇度以上もあり、溶岩の表面でもゆうに七〇〇度を超えている。

棒をひねると、水あめのように柔らかくなった溶岩が張りついてくる。しばらく冷やすと、すくい取った溶岩の表面は固くなり、今度は銀色に輝きだす。溶岩が急に冷やされてできたガラスの輝きである。

図 5-7 ハワイ・キラウエア火山で流れている最中の溶岩をすくっている筆者.(齋藤武士氏撮影)

太陽に照らされたガラスは、七色の光を放っている。じつに美しい光景だ。表面では、冷えて縮んだガラスが薄皮のように剝がれて跳ね上がって、パチパチと音もする(ポッピング)。

これらの現象は、それほど危なくはない。誰もが安心して見に行くことができる。しかし、これは昔から可能であったわけではない。キラウエア火山は、一九八三年の一月から始まった噴火で、ほぼ連続して溶岩を流しつづけている。噴火を開始した当初は、流れている溶岩に観光客が近づくことは、禁じられていた。キラウエア火山の国立公園を管理している役人が、危険と判断したためだ。

一九九七年にハワイ火山観測所の研究者たちは、彼らを説得した。自然のすばらしい現象を見るチャンスを、奪ってはいけない。ひとりひとりが自己管理すれば、事故は未然に防止できる。

この説得は成功し、そののち観光客も溶岩流に触れることができるようになった。火山の恵みを享受する権利がどの市民にもあるのである。

もちろん溶岩の上では、危険もともなう。冷えてもろくなった溶岩の上にいきなり乗ると、表面の皮を踏み抜いて大けがをする。しかし、注意すれば、普通の山歩きとあまり変わらない。キラウエア火山の溶岩流は、大地の営みを肌で感じとることのできる貴重な機会を与えてくれる。熱と音と光を放ちながら流れる溶岩は、われわれの五官を刺激する。ぜひ訪れて自分で体験してみることを勧めたい。

フランスの火山公園

フランスは、日本の国立公園のような、整備された火山地域をもつ先進国の一つである。パリの南四〇〇キロメートルにあるマッシーフ・サントラル（中央山塊）地方には、有名な火山公園がある。クレルモン・フェラン市のさらに西一〇キロメートル、シェヌ・デ・ピュイ火山群である。

南北二五キロメートルにわたって小さい山々が並んでおり、中央に約六〇〇〇年前に噴火した火山地形が見られる。ローマ時代にさかのぼってみても噴火記録のない程度には古い火山なのだ。

「ピュイ（puy）」とはここオーベルニュ地方でよく使われる山の名詞である。円錐形の小丘の火山を、フランス語で「ピュイ」という。これは一般名詞ではなく、火山に付けられたローカルな固有名詞に近いようである。ハワイのキラウエア火山には、チェイン・オブ・ザ・クレーターズ・ロードという観光道路がある。道に沿って火口が点々と連なっている火山地形が、シェヌ・デ・ピュイと少し似ているかもしれない。

日本でも販売されているミネラルウォーター「ボルヴィック」のラベルには、火山の絵がある。円錐形の火山の頂上に火口が描かれているのだが、この絵がまさにシェヌ・デ・ピュイの地形なのだ。火山学の用語では、単成《たんせい》火山と呼ばれる。その代表がピュイである。

単成火山とは、マグマが地表に出てくる際に、過去の火道《かどう》を使わないような噴火をする火山のことである。一回だけの噴火で火山体が形成され(すなわち単成)、このような小型の火山体がたくさん散らばるという特徴をもつ。例として、大室山《おおむろやま》などの伊豆東部火山群や山口県にある阿武《あぶ》火山群が有名である。なお、これと対《つい》になる言葉として、複成《ふくせい》火山がある。

複成火山とは、マグマが同じ火道を使ってくり返し噴火する火山である。同一の火口から複数回噴火しながら火山体を形成(すなわち複成)するのだ。この典型は富士山である。富士山ではマグマをもっとも多く出した火道の上に山をつくっている。富士山であり、マグマが一〇万年間もほぼ同じ山頂から出たため、その中心で山が成長し、非常に高い山体ができたのである。

ちなみに、富士山に対しては成層《せいそう》火山という言葉がよく用いられるが、これは複成火山とは概念がまったくちがう。成層火山とは、溶岩や火山灰が層を成して積もっている内部構造の火山のことをいう。

換言すれば、複成火山・単成火山という用語は、マグマが地上にどのようなパターンで出るかを問題にしている。これに対して、成層火山は、地表にマグマが噴出してからいかに火山体をつくってきたかを表している。

図 5-8 フランス中部にあるロンテジーのオープン・エア・ミュージアムの立て看板. 浸食された火山の断面が示されている. (小山真人氏撮影)

オープン・エア・ミュージアムの魅力

シェヌ・デ・ピュイでは、南北二〇キロメートルの範囲に、一度だけ使った火口をもつ小さい単成火山が点々と残っている。これらの火口群が、それぞれ円錐形の綺麗な山をなす。

その一つに、オープン・エア・ミュージアム（ピュイ・ド・ロンテジー）が作られている。一九九四年に開業し、一九九六年には七万人が入場したという人気のある火山の博物館である（図5－8）。ここはもともと、ピュイの中央部にある採石場であった。その地域に産する岩石や砂を採って、道路や土木工事に使っていたのだ。

その後、石材用に削っていた円錐形の火山を町が買い取り、火山を見せる博物館にした。一種の自然のナショナルトラスト運動といってもよい。ピュイ・ド・ロンテジーでは、火山体の内部をつくる地層がよく見える。なかなか見られない火砕流の堆積物も観察できる。地質現象を生で勉強するにはもってこいの自然公園なのである。

実は、フランス国内には噴火中の火山はない。しかし、アウトドア・スポーツとして火山ウォッチングは、フランスでバードウォッチングに次ぐ人気である。その理由の一つに、多くの火山学者の努力が挙げられる。研究者でもあった故タジエフ科学大臣や、火山の映像記録を多数刊行した故クラフト夫妻が、テレビ、映画、解説書で積極的に啓発活動に努めたからである。クラフト夫妻は、一九九一年に雲仙普賢岳の火砕流に巻き込まれて亡くなったフランス人火山学者夫婦である。この悲しい事件については、拙著『火山はすごい』(PHP新書)を参照していただきたい。夫妻の長年の努力で、フランス国民の中で火山に対する認識が高まっていったといってもよい。

フランスでオープン・エア・ミュージアムが盛況なのは、普段からの自然科学に対する教育の成果でもあるだろう。火山噴火は、災害をもたらし周辺地域に暮らす住民の生命と財産を脅かす側面がある。しかし、長いあいだには人間に恵みを与えてくれることに、多くのフランス人が興味をもっている。

実際、災害を科学の力で予知し、事前に回避することができれば、むしろ火山の恩恵を享受できる期間のほうがはるかに長い。そのことを自然の中を歩きながら肌で感じられるのも、オープン・エア・ミュージアムの魅力であろう。

4　火山を知ろう――エコ・ミュージアムから副読本まで

火山の噴火は、研究者以外ほとんどの人が見たことのない現象である。人は経験のないことに直面した時に、パニックに陥りやすい（第4章扉図参照）。無責任な風評が飛びかい、混乱に拍車をかけることもある。

たとえば、一九九一年に雲仙普賢岳で発生した火砕流の際にも、強い恐怖感を覚えた人がパニック状態に陥ったことがあった。これを防ぐためには、噴火の際に起こりそうなことを、事前に学習しておくことが大切である。火山防災のためハザードマップが配られるのも、そのためである。

自然災害の多い日本では、市民全体の防災リテラシーを上げておくことが、とくに重要だ。火山活動に関するアウトリーチ（啓発教育活動）は、遠まわりなようでいて、いざという時の防災に役立つのである（「はじめに」参照）。

実際問題としても、専門家以外の人が知識をもっていると、いざというときに強力な力を発揮することがある。噴火現象の実態が分かっていれば、なぜ火砕流が噴出する前に逃げ出さなければならないのかが理解できる。したがって、専門家が上手に市民の関心に訴えることは、災害を最小限に食い止めるためにも役立つのである。

さらに、市民から専門家に対して、自分たちの生活に役立つ情報を提供してほしい、という要請が常にある。同時に、知的好奇心を満たしてほしいという希望も、市民の間では根強い。たとえば、火山学を勉強することで、なぜ噴火が起きるのかを自分で納得してみたいのである。ここでは、これらの要望も満たす火山のアウトリーチの事例をいくつか紹介したい。

有珠山のエコ・ミュージアム

有珠山の二〇〇〇年噴火では、噴火が開始してから一年半ほどたってから、住民と自治体の間で災害復興への取り組みが活発となってきた。ここでは単に災害を元に戻すという「復旧」ではなく、噴火によって地域に新たにプラスの価値を付加する「復興」という考えで事業を進める動きが出てきたのだ。

有珠山では現在、噴火口の近くを除いて、避難指示はほぼ全面的に解除されている。山麓には活動を止めてしまった噴火口がいくつもある。また、断層や地割れがかつての道路を横切って、見事な断差の地形をつくっている。このような噴火の遺物を見ながら、有珠山の活動を学ぼう、という企画である。

　自然の残した爪痕《つめあと》だけでなく、地殻変動によって傾いてしまった洞爺湖《とうやこ》温泉街の建造物や泥流《でいりゅう》で流された橋も、そのまま保存された。これらを観察しながら火山噴火の威力を実感してもらおうという発想が根底にあるのだ。

　このようなフィールド・ミュージアムは、「有珠山・洞爺湖エコ・ミュージアム」と命名された。エコとはエコロジー（生態学）を意味し、自然そのままの状態を保存する考えかたである。火山麓で生態系が回復してゆくさまを、時間をかけながら観察しようというのである。この発想は一九六〇年代のフランスで起きたものだ。これによって同時に地域の振興も図っている。

　エコ・ミュージアムは、建物の中に展示物がある従来型の博物館ではない。周囲の自然とともに変化していく新しい発想の博物館なのだ。このエコ・ミュージアムを中核として地域全体の活性化を図るのである。

　これまでのやりかたでは、壊された場所は速やかに直して元どおりの姿にすることが第一とされた。しかし、噴火の遺産をマイナスととらえるのではなく、むしろ積極的に火山についても学ぶプラスの場とする。

図 5-9　有珠山の 2000 年噴火の地殻変動により破壊された工場．エコ・ミュージアムの一部として保存されている．

エコ・ミュージアムには、まず中枢施設としてのコアセンター（テーマセンター）がある。その周囲を、展望台、景勝地、資料館、キャンプ場、歴史遺構、産業施設などが取り囲む。これらはサテライトと呼ばれ、間には道路や散策路が設けられている（図5-9）。これらの全体を指してエコ・ミュージアムと呼んでいるのだ。

エコ・ミュージアムでは、災害とともに火山のもたらす恩恵を伝えることも一つの重要な役割としている。サテライトを一つずつ訪れながら、本物から大地の動きを学ぶことができるのである。有珠山では二〇〇三年に最初のサテライトがオープンし、順次整備が続けられている。

噴火の副読本

噴火の教訓を次の世代に伝えていくことは、火山学者にとって大きな課題である。二〇〇〇年三月に有珠山が噴火してから数年のあいだに、山々の緑はしだいに回復し温泉街にも活気が戻ってきた。それにつれて、残念なことに、噴火に対処した経験も風化してゆく。時間とともに防災の知恵が消え去ってしまうのである。

二〇〇〇年の噴火では、ピーク時の避難者は一万六〇〇〇人を数えたにもかかわらず、一人の犠牲者も出さずに噴火の終息を迎えることができた。噴火前に緊急火山情報が出され、噴火予知に成功した数少ない事例となった。この一因は、一九七七年の噴火以後に続けられた啓発活動によって、地元の市民たちの有珠山に対する理解度が高かったことにもよる。

この教訓を後世に伝えようと、地元の教員たちは知恵を絞った。有珠山の次の噴火はおそらく二〇〜五〇年も先のことだ。日常生活の時間に比べて噴火の休止期はあまりにも長い。何もせずにいたのでは、貴重な体験を継承してゆくことははなはだ困難である。

次の噴火のときには大人になっている子どもたちに、いま噴火の体験を伝える必要がある。そこで、噴火を解説する防災教育用の副読本を作ることになったのだ。次回も犠牲者を一人も出さないために、若い人たちを教育しようという試みである。

二〇〇三年三月、小学生用の副読本「火の山の響《ひびき》」が完成した（図５−10）。有珠山を取り囲む一市二町にまたがるいくつかの小学校で用いられ、好評を博すことになる。

引きつづいて二〇〇四年三月には、中学生版の副読本「火の山の奏《かなで》」が刊行された。いずれも、理科と社会だけでなく、総合学習の教材としても活用されている。

図 5-10　有珠山噴火の副読本「火の山の響」. 有珠山噴火の歴史について漫画を用いて分かりやすく解説している. マグマ(真熊)君が案内する.

副読本の内容は画期的だ。全ページカラーの構成で、写真やイラストを多用したビジュアルな冊子なのである。中には噴火を経験した子どもたちの体験も書きこまれている。これで有珠山の噴火を経験していない人にも、噴火をリアリティーのある身近な現象と感じてもらうことができる。

さらに、生徒たちの興味を引き立てるコラムも用意されている。マグマ君という動物キャラクターを登場させたのだ。マグマ君は「真熊君」と書き、北海道を代表する親しみのある動物（熊）を採用した。すべてが子どもたちの目線で作られている。

小学生用の副読本は、ページを自由に取り外しできるカード式である。カード一枚につき一テーマに絞ってある。すなわち、裏表のカードで話が完結しているのだ。切り離して使ってもよいし、将来新しい事実が分かったときに、簡単に内容を更新できるようになっている。

副読本の作成には、二〇〇〇年噴火の際にアドバイスを行った北海道大学の火山学者と、小・中学校の教員らが協力して取り組んだ。地元にある国の出先機関は、費用などさまざまな面での援助を行った。

最大の特長は、ユーザーとなる教員と小学生の意見を入れて作られたことにあるだろう。二〇〇四年三月の改訂版では、小学校の現場で実際に使ってみた経験をフィードバックしている。

有珠山の地元では、この本を教材に用いて「火山を語る会」を開いた。地域住民への普及のために、専門家による副読本を使った出前授業も行われている。

火山の噴火を教材に

自分の暮らしている土地がいかなる場所か、を知ることはとても大切だ。有珠山で作られたような副読本は、活火山をかかえる他の自治体でも少しずつ作られはじめている。

たとえば、岐阜県の焼岳《やけだけ》では、小学生用の噴火読本「活火山焼岳と私たちの暮らし」を二〇〇三年に完成した。山麓の岐阜県上宝村に住むすべての生徒に配られている。また、秋田県の秋田駒ケ岳と鳥海山、北海道の十勝岳でも、それぞれ中学生向けの副読本が作られた。磐梯山周辺の市町村でも副読本を作成し、中学生の全員に配布した。

上記の地域では、有珠山の例にならって、副読本を配布したあとにアフターケアのプログラムを用意している。

実は、副読本の利用者は、活火山の近くに住む住民だけではない。全国から活火山を訪れる修学旅行生と観光客にも、副読本は役に立つのである。噴火が始まったとき、土地に不慣れな旅行者たちは、「災害時要援護者」となる可能性がある。有珠山では、彼らに読んでもらう目的のガイドブックが、日本語版のみならず英語・中国語・韓国語版も含めて出版されている。

有珠山での取り組みは、減災教育のフロンティアといってもよい。そのポイントは、実際の噴火を教材として、自然現象と地域共生の両方を学ぼうという考えかたにある。活火山をかかえる他の地域にとっても、モデルケースとなるだろう。

平時に何を用意するか

平時から準備をするというのが、火山の減災ではいちばん大事なことである。自然災害では、何も知らずに不意打ちを食らったときに最大の被害をもたらすからだ。

二〇〇四年一二月に起きたインド洋の大津波では、三〇万人近い人が犠牲になった。火山でも噴火が始まってから準備するのでは、いわゆる泥縄である。何も起こっていない平時のうちに準備する、というのが火山減災のもっとも大切なところであろう。

そのためには、情報が専門家の中だけに閉ざされている状態が、いちばん問題である。ネバド・デル・ルイス火山の悲劇を、思い起こしていただきたい(第4章4節参照)。せっかく作成したハザードマップも、配布されなければ何の役にも立たないからだ。

火山情報が、それを必要とする人たちに届かないような事態を、何としてでも避けなければならない。そのためには、リアルタイムで一般の人に向けて分かりやすい情報が発信されつづけるシステムをつくることが、鍵となる。特に、普段は火山にあまり馴染みのない人たちに、迅速に情報が行き渡る必要がある。

情報を発信することは、科学者の大事な役目でもある。研究者の一割は啓発活動に専念すべきだ、と私は火山学会で何度も主張してきた。また、科学者は自分と異なる考えかたにも、オープンな態度であるべきだ。公平な態度で火山学全体を見渡せる能力と見識をもった研究者が、アウトリーチには必要なのである。

さらに、火山専門家のもつ知識のうち社会が必要とするものを市民にフィードバックするシステムを、両者が協力しながら構築する必要がある。我々にとってもまだすべき仕事はたくさん残されている。

5 火山との共生

日本は、火山の恵みを享受してきた点でも世界有数の火山国である。恵みの一つに、おいしい湧《わ》き水がある。

雲仙普賢岳の東の麓《ふもと》にある島原は、豊富な湧き水で有名だ。昔の面影を残す町屋の傍《かたわ》らには、いくつもの湧き水が見られる。ここには飲み水として適することを示す看板が付けられている。道の脇にある水路には澄《す》んだ水がとうとうと流れ、中では鯉《こい》が泳いでいる。さりげなく置かれた柄杓《ひしゃく》を手にとって、渇いたのどを潤《うるお》すのもよい。

ここの水は軟水でやわらかく、とても飲みやすい。街のいたるところであふれ出す湧き水は、江戸時代から生活水として使われてきた(図5-11)。

火山は高い山のまわりに広大なすそ野をもつ。このすそ野は、空から降ってきた火山灰や、火口から噴出した火砕流がつくってきた扇状地からなる。降った雨水が地下にしみこんだあと、火山の噴出物を通り抜ける間にきれいな水となるのだ。

島原の地下では、降雨が二年ほどで湧き水となる。火山の麓にある扇状地は、巨大な濾過《ろか》装置でもある。湧き水は江戸時代から使われ、一九六五年頃までは上水道としても利用していた。

水道法によって水質が厳しくチェックされるようになると、一〇〇メートルほど井戸を掘り地下水を飲み水として使うようになった。

地下深くまでしみこんだ水は、深さ五キロメートルほどにあるマグマに熱せられて、地表に上がってくる。昔から川底などで自噴していた温泉である。

たとえ地面に温泉が湧き出なくても、約一〇〇〇メートルの深さまで掘削すると、熱い湯が見つかる。たとえば島原の中心部では、摂氏三二度ほどの温泉を毎日三五〇トンも汲み上げている。ここでは深さに応じて、火山のもたらすさまざまな水の恵みを享受しているのだ。島原が「水の都」と呼ばれるゆえんでもある。

図 5-11　島原市内の通りで見られる湧き水の風景．人々の生活に火山の恵みは欠かせない．

島原は、雲仙普賢岳から噴出した火砕流によって、四四名の尊い命が失われた街でもある。このときは何千年ぶりという大量のマグマが放出されたため、住民は五年にわたって避難生活を強いられた。

順調に災害復興が進んだ結果、今では湧き水と温泉が、島原の重要な観光資源として活用されている。雲仙普賢岳は、今後一〇〇年のあいだマグマを出すことはないと考えられている。日本中を震撼《しんかん》させた火砕流の災害を乗り越え、いま再び島原は水の奏《かな》でる静かな美しい街へと戻ったのである。

城下町島原には、水の風景がよく似合う。「災害は短く恵みは長い」という火山のもたらす大地の法則が、ここでも見られる。活火山の山麓が、これから長い恵みの時代に入ったのである。

火山と神社

火山は、日本列島に住む私たちの先祖に、活きている大地のイメージを与えてきた。彼らは何十世代にもわたり、火山と共生してきたのである。その生き方は、火山の麓で暮らしてきた人たちの信仰に如実に現れている。ここでは火山の心象《しんしょう》風景といったものを見てみたい。

日本有数の火山地帯である阿蘇山では、噴火のたびに神社の宮司《ぐうじ》の力が増す、という興味深い歴史がある。この地域の豪族阿蘇氏が祀《まつ》ってきた阿蘇神社は、たびたび起きる噴火を鎮《しず》める重要な機関として機能してきた。

平安時代以降に起きた噴火は、火山学的には灰《はい》噴火と呼ばれるものである。灰噴火とは大きな爆発音をともなわずに噴煙が立ち上がり、ダラダラと連続的に火山灰を噴出する活動である。冷やされたマグマそのものが細かい粉となって一定時間降ってくる。阿蘇山では一〇年ほどの周期で、マグマを小規模に噴出する活動が断続的につづいていた。

阿蘇山の中心には、いまでも噴気を上げている中岳《なかだけ》火口がある。火口の湯だまりが消失した後に、真っ赤なマグマが噴き上がるストロンボリ式噴火が起きる。これは火砕流や火砕サージの噴出に比べると、危険性は格段に低い。

阿蘇氏は神の御加護によって御神火を鎮めることを期待されたのであろう。結果的に、致命的な大噴火が起きなかったことで、阿蘇神社は国を護《まも》る神社として、古代中世を通じてしだいに影響力を増してきた。そして近代に入ると、官幣《かんぺい》大社としての高い地位を得たのである。

古代人は、自然界で遭遇する人間の力をはるかに超える現象に対して、畏《おそ》れと尊敬の二つの気持ちをもっていた。それが神の信仰へ連なっていくことは想像に難くない。このような神と人との交流を火山学の観点から探る作業は、まったく未知の領域といってもよい。

神話に残された大規模噴火

歴史に残っていないほど古い火山活動を調べたいときには、地質学が役に立つ。地上に残された物質を調べることで、過去の噴火に関する多くの事実が分かってきた。

一方、古文書ではないのだが、人々に伝えられてきた伝承の中から火山活動を探る手法がある。たとえば、神話に残された記述から噴火を知ろうとする新しい試みである。事実、日本神話の中には、しばしば火山がきわめてリアルに描かれている。

民俗学者の益田勝実は、『古事記』に出てくる国造《くにづく》りの神「オホナムヂ」の名前は、火山のつくった穴である、という説を出した(『火山列島の思想』、ちくま学芸文庫)。「オホナムヂ」の「ナ」は穴の意味であり、新たな神さまの出現にあたって「大穴持《おおなもち》」と呼んだのではないか、という。

益田は『出雲風土記《いずもふどき》』に書かれている「オオナモチ」も、これと密接に関連するのではないか、と解釈を進める。彼は、「ただの山の崇拝ではない。「穴」への懼《おそ》れであった。火を噴く穴へのおののきであった」と記している。

火山学的に見ると、火を噴く穴とはマグマを噴出する火口である。「大穴持」という神の名前に象徴される穴とは、カルデラに相当する陥没地形だろう。

たとえば、阿蘇カルデラは直径二〇キロメートルを超える巨大な穴である。神話をいくつも産みだしてきた九州には、これに匹敵するカルデラが他にも三つ(姶良《あいら》、阿多《あた》、鬼界《きかい》)ある。「ナ」という文字がカルデラを指すという解釈は、火山学的に見ても妥当なのではないだろうか。

カルデラ噴火と文化の断絶

日本列島はカルデラをつくるような大噴火が、ほぼ一万年に一回の割合で発生している。最後の大噴火は、鹿児島の南方にある薩摩《さつま》硫黄島《いおうじま》の周辺海域で、七〇〇〇年ほど前に起きたものだ。噴出した火山灰が西日本の全域を広く覆ってしまったほど激しい噴火であった。火山灰はオレンジ色の鮮やかな色をもつことから、アカホヤ火山灰と名づけられている。

この噴火は南九州を壊滅状態に陥れ、この時期に栄えていた縄文文化を根こそぎにしてしまった。遺跡の調査によって、アカホヤ火山灰の上と下から出土する土器の形式がまったく異なることが判明した。大噴火によって文化が断絶したという事実が明らかとなっている。

噴火で生じた陥没地形は、「鬼界カルデラ」と名づけられており、海底探査でも確認されている。神話に書かれた大穴のイメージとしては、九州にある四つのカルデラの中ではもっとも新しいこの巨大噴火が一つの候補であろう。

アカホヤ火山灰の一つ前にも、日本列島を覆い尽くした火山灰がある。姶良Tn火山灰（AT火山灰）と呼ばれたもので、二万九〇〇〇年ほど前に鹿児島湾から噴出した(図1－10参照)。なお、TnとはAT火山灰の一部が関東で丹沢《たんざわ》火山灰とも呼ばれたことに因《ちな》む。

実は、鹿児島湾の北部自体が巨大噴火によってできた湾入部であり、ここに直径二〇キロメートルに及ぶ「姶良カルデラ」がある。

ここから噴出した高温の火砕流は、南九州を焼け野原に帰してしまい、広大なシラス台地を残した。成層圏に達した火山灰は偏西風に乗り、遠く近畿、関東、東北地方まで降り積もった。

日本中を灰まみれにした鬼界カルデラと姶良カルデラをつくった噴火事件が、人々の心に何も残さなかったはずがないとも考えられよう。

畏敬の念を持ち火山列島に暮らす

日本は一〇八個もの活火山が存在する火山列島にある。われわれの祖先が自然と接していたイメージは、さまざまな地方の伝承と神話にも残されている。火山と神の心象風景からは、自然に対する人々の畏怖《いふ》の念を読みとることができる。自然を敬い物忌《ものい》みを行うことによって、神火の猛威から身を隠してきたともいえよう。

ここで災害という観点で振り返ってみると、伝承と神話には人間が自然を征服する発想がまったくなかったことに気づく。海に囲まれた火山の島では、昔から火山とともに暮らす知恵があったのである。一方、その後の私たちは、科学技術の急速な進歩によって、自然をコントロールできるかのような錯覚をもつようになった。神を敬う時代には当たり前であった自然を畏れる気持ちが、しだいに薄れていったのだ。

現代人は自然に対する畏敬《いけい》型の発想を完全に失っている。このことは、私たちが大地の上に暮らしている実感を遠ざけ、環境破壊の一端をもたらしてきたともいえよう。

伝承と神話からは、過去の自然現象に関する痕跡だけでなく、環境と調和のとれた生き方を学ぶことも可能である。このような文理融合型の研究は、日本列島の減災のためというだけでなく、われわれの立ち位置について考える「環境思想」を育《はぐく》む上でも重要ではないだろうか。

ハワイ火山観測所の研究者たち

ハワイのキラウエア火山では、噴火が二〇年間も断続的につづいている。流れ出た溶岩は、太平洋まで達した。溶岩流は長いトンネルを通って、一〇キロメートル下流の海岸まで流れ下り、海岸線を少しずつ拡げてきたのだ。

噴火がいったんは止んでも、二〜三日たつとまた噴火が始まる。これまで最も長い休止でも六週間にすぎず、あとは何カ月も噴火がつづいてきた。二〇年近くのあいだ、ほぼ連続して溶岩が流れ出してきたのである。

このような噴火は「エピソード」という名前で呼ばれている。最初の噴火であるエピソード1は、一九八三年。突然、キラウエア火山の中腹で噴火が始まり、プウオオと名づけられた新しい火口ができた。

一九八六年のエピソード48では、大量の溶岩が噴出した。溶岩流は、下流にあったカラパナの村と遺跡を焼き尽くし、大きな損害を与えた。一九九七年に始まったエピソード55では、ほぼ連続して溶岩を出している。

この噴火は当分終わらないだろう、とハワイ火山観測所の研究者たちは考えている。というのは、噴火のいちばん初期に、溶岩を噴水のように高く噴き上げる現象が半年もつづいたからだ。これは、将来大量の溶岩が出る予兆と考えられている。このような現象が起きると、噴火は二〇年以上も継続することがある。

また、溶岩流の噴出は止まってしまえばそれでよい、というわけではない。現在の噴火がおさまれば、今度は、別の火口から出る恐れがあるからだ。次は、プウオオ火口の東で噴火する可能性が高い。そこには多くの集落と農園があるので、予想される被害は非常に大きい。

図 **5-12** ハワイ火山観測所のスワンソン博士と筆者．溶岩流の分布を調べている．

一九八六年から六年間つづいたエピソード48では、大量の溶岩が噴出した。下流にあったカラパナの村とパイナップル畑と、ポリネシア人の遺跡が、埋められてしまった。溶岩流はすべてのものを焼き尽くし、大きな損害を与えた。このときの溶岩流も太平洋にまで達し、大幅に海岸線を拡げている。

ハワイ火山観測所の研究者たちは、噴火に変化がないかどうか、毎日注意深く観察している。これまで起きた過去の噴火と照らし合わせると、次に起きる噴火が予測できるからだ。

二〇〇六年まで火山観測所長を務めたスワンソン博士（図5－12）は、毎朝四時に起きて、海に流れ込む溶岩を見に行った。溶岩は、暗がりでも赤い光を放つのでよく見える。彼は、観察結果を毎日、インターネットのホームページに載せたのである。

この仕事は所長の業務というわけではない。しかし彼は、雨の日も休むことなく、早起きして出かけて行った。スワンソン博士は、根っからの火山好きなのである。キラウエア火山の噴火予知は、いまでも彼のような研究者によって支えられている。

このままプウオオ火口から噴火がつづくのか、あるいは新たな火口を開けるのか、ハワイ火山観測所(Hawaiian Volcano Observatory)のホームページからは今日も目が離せない。

あとがき

私たちの住む日本列島は、地球科学の視点から見ると世界有数の変動帯にある。地球スケールの岩盤である四枚のプレートがせめぎ合い、変化に富む美しい地形をつくっている。地球内部から放出される膨大なエネルギーにともなってできた造形美といってもよい。火山活動は、その中でも最もダイナミックな現象の一つであろう。

一方で、活動的な環太平洋の一部にある日本列島は、知ってのとおり災害列島でもある。頻繁に地震と火山噴火に見舞われてきた、天変地異の島国なのである。先進国の中でもこれほど自然災害の多い国はそう多くはない。

地震と噴火は自然災害の双璧をなすものとして挙げられる。これらの現象は、プレート・テクトニクスと呼ばれる地球科学の革命によって、鮮やかに説明されてきた。

あまり知られていないことだが、実は地震よりも火山の噴火の方が、人類にとってははるかに影響力は大きいのである。地震の被害によって文明が滅びることはないが、かつて巨大噴火が文明をまるごと滅ぼしたことがあるからだ。

世界の歴史を繙《ひもと》くと、噴火のもたらした滅亡に関する事例が多く残っている。これらについては機会を改めて紹介したいのだが、高校の世界史にも出てくる有名な例を一つ挙げよう。

五〇〇〇年前ごろからギリシャのクレタ島などに栄えていたミノア文明が、三六〇〇年前のサントリーニ火山の大噴火によって大打撃を受けたという説がある。この事件は、プラトンの『ティマイオス』にも、アトランティス伝説として描かれていると考える人もいる。地中海を支配していたアトランティスという名の島国が、大地変を受けて一夜にして消滅してしまったという逸話《いつわ》である。

日本列島は一万年に一回くらいの割合で巨大噴火をこうむってきた。高度な文明を謳歌《おうか》していたというアトランティス伝説は、現在一〇八個の活火山をもつ日本とまったく無縁の出来事ではない。火山の噴火が時には地震よりもはるかに深刻な影響をもつ事実は、覚えておいて損はないのではないか。

火山学者は仕事柄《がら》、自然の途方もない力を常に感じながら研究をつづけている。したがって、大地を理解し尽《つ》くしたとか自然を征服するなどという考えかたが的はずれであることを、最も強く認識しているのかもしれない。

本書の副題に「減災《げんさい》」という言葉を用いたのも、この気持ちに基づいている。従来、火山災害を逃れる行為は「防災」と呼ばれてきた。しかし、文字どおり災害を防ぐことは不可能で、人間ができることは災害を減らすに留まる。

私は火山をふくむ大地の躍動に対して、いつも畏《おそ》れ敬《うやま》う気持ちをもっている。たとえば、本書では噴火予知を科学の成果として披露したが、それとて自然を相手にした勝負のほんの一部にすぎないことを、われわれ研究者が一番よく知っている。どんなに努力しても、人間は絶対に自然には勝てないのである。この当たり前すぎるくらい当然のことを、本書でも縷々《るる》説くこととなった。

一方で、火山を研究する途上には、楽しいことがたくさんある。火山は温泉や美しい景観など、さまざまな恵みも与えてくれるからだ（口絵カラー写真④、第5章参照）。火山列島の豊かな土壌と美味《おい》しい食べ物は、噴火の産物でもある。これらも、日本人だけでなく世界中の人たちが、長いあいだ享受してきたことだ。

火山のもたらしてきた災害と恩恵。人間をはるかに超越する自然現象には、必ずといってよいほど二つの側面がある。しかも、火山の災害は短く、恩恵は長い。短期間の災害を科学の力（噴火予知）でしばしやり過ごし、減災に成功すれば、そののち長いあいだ火山の恵みを享受することが可能なのである。

私たちの祖先は、火山とともに生きる道を模索してきた。絶え間なく変化してゆく火山列島に暮らしながら、日本人が育《はぐく》んできた生きかた。これはまさに「大地の動きと人の知恵」なのではないだろうか。この二つを本書から学びとっていただければ、著者としてこれにまさる喜びはない。

なお、本文では火山に関する最新情報に触れていただくため、気象庁、国土地理院、ハワイ火山観測所などにホームページがあることを記した。これらのサイトの資料は、本書の内容のバージョンアップとしても有用なので、Google や Yahoo などで検索し是非アクセスしていただきたい。

最後に、最先端の火山学を伝えるために力を貸してくださった多くの先生がたと友人たちに感謝の意を述べたい。北海道大学岡田弘名誉教授、宇井忠英名誉教授、東北大学西村太志准教授、秋田大学林信太郎教授、東京大学藤井敏嗣教授、野津憲治教授、渡辺秀文教授、中田節也教授、千葉大学津久井雅志准教授、産業技術総合研究所篠原宏志グループ長、東宮昭彦主任研究員、中野俊主任研究員、宮城磯治主任研究員、気象研究所山里平室長、静岡大学小山真人教授、京都大学鍵山恒臣教授、石原和弘教授、田中良和名誉教授、石川尚人教授、神戸大学佐藤博明教授、九州大学清水洋教授、熊本大学渡辺一徳教授、鹿児島大学井村隆介准教授は、それぞれご専門に近い章を読み、大変貴重なコメントをくださった。しかし、本書に誤りがあれば、ひとえに著者の責任である。お気付きの点を是非お知らせいただければ幸いである。

本書で撮影者の名前を付けた多くの写真は、友人知人から快く提供していただいた(記述のない写真は私が撮影）。岩波新書編集部の中西沢子さんと千葉克彦さんには企画から文章の記述までたいへんお世話になった。これらの方々に心より御礼申し上げたい。

二〇〇七年六月

鎌田浩毅

用語索引

①〜④は口絵写真の番号，他はページを示す．
斜体は図の説明文中に現れる場合．

鎌田浩毅

1955年 東京都生まれ
1979年 東京大学理学部卒業．通産省地質調査所主任研究官，米国カスケード火山観測所客員研究員を経て，
現在 ー 京都大学大学院人間・環境学研究科教授
専攻 ー 火山学，地球変動学，科学教育，アウトリーチ
著書 ー『火山と地震の国に暮らす』(岩波書店)
『地球は火山がつくった』(岩波ジュニア新書)
『富士山噴火』(講談社ブルーバックス)
『マグマの地球科学』(中公新書)
『火山はすごい』(PHP 文庫)
『生き抜くための地震学』(ちくま新書)
『地学のツボ』(ちくまプリマー新書)
http://www.gaia.h.kyoto-u.ac.jp/~kamata/

火山噴火
—予知と減災を考える　　岩波新書(新赤版)1094

2007年9月20日　第1刷発行
2020年10月15日　第3刷発行

著　者　鎌田浩毅《かまたひろき》

発行者　岡本　厚

発行所　株式会社　岩波書店
〒101-8002 東京都千代田区一ツ橋 2-5-5
案内 03-5210-4000　営業部 03-5210-4111
https://www.iwanami.co.jp/

新書編集部 03-5210-4054
https://www.iwanami.co.jp/sin/

印刷製本・法令印刷　カバー・半七印刷

ISBN 978-4-00-431094-5　　Printed in Japan

岩波新書新赤版一〇〇〇点に際して

ひとつの時代が終わったと言われて久しい。だが、その先にいかなる時代を展望するのか、私たちはその輪郭すら描きえていない。二〇世紀から持ち越した課題の多くは、未だ解決の緒を見つけることのできないままであり、二一世紀が新たに招きよせた問題も少なくない。グローバル資本主義の浸透、憎悪の連鎖、暴力の応酬――世界は混沌として深い不安の只中にある。

現代社会においては変化が常態となり、速さと新しさに絶対的な価値が与えられた。消費社会の深化と情報技術の革命は、種々の境界を無くし、人々の生活やコミュニケーションの様式を根底から変容させてきた。ライフスタイルは多様化し、一面では個人の生き方をそれぞれが選びとる時代が始まっている。同時に、新たな格差が生まれ、様々な次元での亀裂や分断が深まっている。社会や歴史に対する意識が揺らぎ、普遍的な理念に対する根本的な懐疑や、現実を変えることへの無力感がひそかに根を張りつつある。そして生きることに誰もが困難を覚える時代が到来している。

しかし、日常生活のそれぞれの場で、自由と民主主義を獲得し実践することを通じて、私たち自身がそうした閉塞を乗り超え、希望の時代の幕開けを告げてゆくことは不可能ではあるまい。そのために、いま求められていること――それは、個と個の間で開かれた対話を積み重ねながら、人間らしく生きることの条件について一人ひとりが粘り強く思考することではないか。その営みの糧となるものが、教養に外ならないと私たちは考える。歴史とは何か、よく生きるとはいかなることか、世界そして人間はどこへ向かうべきなのか――こうした根源的な問いとの格闘が、文化と知の厚みを作り出し、個人と社会を支える基盤としての教養となった。まさにそのような教養への道案内こそ、岩波新書が創刊以来、追求してきたことである。

岩波新書は、日中戦争下の一九三八年一一月に赤版として創刊された。創刊の辞は、道義の精神に則らない日本の行動を憂慮し、批判的精神と良心的行動の欠如を戒めつつ、現代人の現代的教養を刊行の目的とする、と謳っている。以後、青版、黄版、新赤版と装いを改めながら、合計二五〇〇点余りを世に問うてきた。そして、いままた新赤版が一〇〇〇点を迎えたのを機に、人間の理性と良心への信頼を再確認し、それに裏打ちされた文化を培っていく決意を込めて、新しい装丁のもとに再出発したいと思う。一冊一冊から吹き出す新風が一人でも多くの読者の許に届くこと、そして希望ある時代への想像力を豊かにかき立てることを切に願う。

（二〇〇六年四月）